建筑 ARCHITECTURE

国家『双高计划』建筑钢结构工程技术专业群成果教材
高等职业教育土建类『十四五』系列教材

居住空间装饰设计

JUZHU KONGJIAN ZHUANGSHI SHEJI

主编 孙卉林

副主编 李淑 祁翼 郝婷 马晓斐

参编 黄冈圆方装饰工程有限公司
晓斐空间设计工作室

电子课件
（仅限教师）

华中科技大学出版社
http://press.hust.edu.cn
中国·武汉

图书在版编目（CIP）数据

居住空间装饰设计/孙卉林主编.—武汉：华中科技大学出版社，2023.8
ISBN 978-7-5680-9579-2

Ⅰ.①居…　Ⅱ.①孙…　Ⅲ.①住宅-室内装饰设计　Ⅳ.①TU241

中国国家版本馆 CIP 数据核字(2023)第 148493 号

居住空间装饰设计
Juzhu Kongjian Zhuangshi Sheji

孙卉林　主编

策划编辑：康　序
责任编辑：李曜男
封面设计：孢　子
责任监印：朱　玢
出版发行：华中科技大学出版社(中国·武汉)　　电话：(027)81321913
　　　　　武汉市东湖新技术开发区华工科技园　　邮编：430223
录　　排：武汉创易图文工作室
印　　刷：武汉科源印刷设计有限公司
开　　本：889mm×1194mm　1/16
印　　张：10.25
字　　数：347 千字
版　　次：2023 年 8 月第 1 版第 1 次印刷
定　　价：55.00 元

建筑装饰设计伴随人类社会的发展走过萌芽、发展、兴盛阶段,从初始依附于建筑,到独立分支自成体系;从某风格统领某时期潮流,到如今多种装饰风格并行、杂糅,呈现百花齐放之势。人们越来越意识到室内空间的场所精神对衣、食、住、行、工作、学习、生活起到举足轻重的作用。良好的室内空间体验对身在其中的人们的生活态度、心情活动、行为举止具有正向积极的引导作用。

室内设计、建筑装饰设计、环境艺术设计等专业在我国高职高专院校普遍开设,或是依托建筑方向,或是依托艺术方向。目前,本专业的相关教材也多是以图片展示为主的鉴赏型教材或以知识讲授为主的纯理论教材,与装饰国赛、环艺国赛的融入度不高,设计技能实操性不强,也没有体现课程思政的要求。作者针对"十四五"高职高专教材的编写任务和国家双高建设要求,遵照课岗赛证融通原则,编写建筑装饰设计系列教材,本书为居住空间装饰设计部分。本书也是高职高专设计类专业教育教学改革的具体体现。

本书结合家装设计师岗位要求和工作流程,融入 1+X 室内设计师职业等级证书考点进行编写,将人文关怀、中国传统民居文化的思政元素隐入其中,在润物无声中提升学生的综合素养和文化底蕴,从而全面提升方案设计质量,培养学生的家国情怀,提高学生的学习兴趣,为学生今后的就业打下基础,实现育人育才同向而行。

本书编写的特点:强调工作的过程性,围绕完成工作任务引出相关原理、知识;专业实训结合原理设置,依照由简单到复杂的顺序,增强学生动手的信心,培养学生独立思考的能力。本书旨在突显学生的动手能力及积极大胆的创造思维,强调设计的逻辑性和实用性,淡化传统的"美术功底",更适合非艺术类学生、初入职场的设计人员和爱好者学习。作者将多年的研究心得制作成精品课置入教材二维码,可供学员随时学习、反复观看,及时解决学习难点。

本书由孙卉林主持编写,由李淑、祁翼、郝婷、马晓斐担任副主编。其中模块一由郝婷负责,模块二、模块四由孙卉林负责,模块三由李淑、孙卉林负责,模块五由祁翼负责,模块六由孙卉林、李淑、马晓斐负责。孙卉林负责文本校对。图片由马晓斐提供。

在本书出版之际,我非常感谢以上各位参与本书编写的装饰设计专业教师,以及对我们的工作大力支持的晓斐空间设计工作室、黄冈圆方装饰工程有限公司和北京中鼎澳国际工程设计有限公司。这些公司为我们提供了大量工程实例、图片,提出了宝贵的建议,使这本《居住空间

装饰设计》能顺利完稿。

为了方便教学,本书还配有电子课件等资料,任课教师可以发送邮件至 husttujian@163.com 索取。

建筑装饰设计行业是一个不断革新、不断发展的行业。建筑装饰设计是一门不断发展的学科,需要在实践中不断完善。由于时间紧迫,限于本人的水平,本书难免有疏漏和不妥之处,恳请广大读者批评指正。

目录 Contents

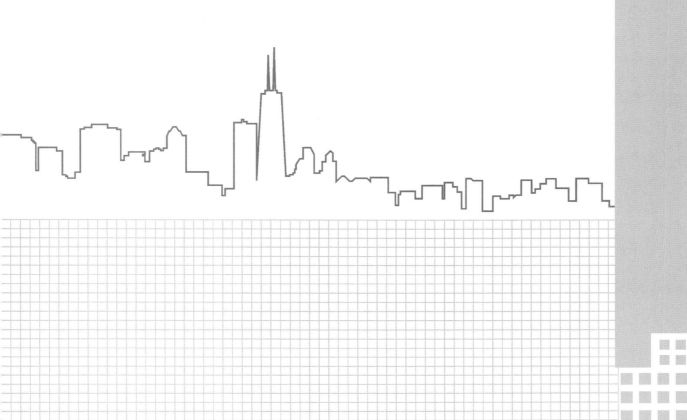

模块一

基础知识的认知

课题 1　室内设计的概念

了解不同参考资料中室内设计的定义,掌握室内设计的内容及其相关因素,理解室内设计的特征和原则,了解室内设计的分类和要素。

学习室内设计的定义,室内设计的内容、特征,室内设计的原则,室内设计的分类、要素。

室内设计的定义在不同参考资料中有所差别,其定义中包含的相关因素和涉及的学科均有共性,掌握其定义对于掌握室内设计的基本内容、理解室内设计的特征和原则、了解室内设计的分类和要素具有一定的指导作用;室内设计的基本内容也为居住空间设计的研究提供了基础性的理论依据;室内设计的特征及原则可以引导学生更好地理解室内设计的概念,全面掌握居室空间室内设计的基础知识。

1.1.1　室内设计的定义

什么是建筑装饰设计? 什么是室内设计? 在本书的开篇,我有必要将两者的概念及关系进行综合阐述,方便大家后期的学习。

建筑装饰设计是指以美化建筑及建筑空间为目的的行为。它是建筑的物质功能和精神功能得以实现的关键。建筑装饰设计是根据建筑物的使用性质、所处环境和相应标准,综合运用现代物质手段、科技手段和艺术手段,创造出功能合理,舒适优美,性格明显,符合人的生理和心理需求,使使用者心情愉快,便于学习、工作、生活和休息的室内外环境设计。以上定义是网络词条对建筑装饰设计最普遍的界定。很明显,建筑装饰设计涉及的环境包括室内和室外。建筑的外立面及周边环境的设计与美化也属于建筑装饰设计的工作。现代人们工作、生活 80％ 以上在室内进行,室内空间的体验感是人们身心感受的主要因素,因此,本书的知识点主要从室内设计方向进行探讨。

室内设计主要强调的是对建筑内部空间进行的设计,是根据空间的使用性质、所处环境,运用技术与艺术相结合的手段,营造出功能合理、舒适美观的内部空间环境。设计大师们从不同的角度,根据自身的体悟,对"室内设计"的界定也各有差异。

白俄罗斯建筑师 E. 巴诺玛列娃(E. Ponomaleva)认为,室内设计是"具有视觉限定的人工环境,以满足生理和精神上的要求,保障生活、生产活动的需求",也是"功能、空间形体、工程技术和艺术的相互依存和紧密结合"。

建筑大师普拉特纳（W. Platner）认为在室内设计的过程中，"你必须更多地同人打交道，研究人们的心理因素，以及如何能使他们感到舒适、兴奋。经验证明，这比同结构、建筑体系打交道要费心得多，也要求有更加专门的训练"。

美国前室内设计师协会主席亚当（G. Adam）指出"室内设计涉及的工作比单纯的装饰广泛得多，他们关心的范围已扩展到生活的每个方面，如住宅、办公、旅馆、餐厅的设计，提高劳动生产率，无障碍设计，编制防火规范和节能指标，提高医院、图书馆、学校和其他公共设施的使用率。总之，给予各种处在室内环境中的人以舒适和安全"。

可见，室内设计的定义与室内装饰、室内装潢、室内装修的概念均有差异。相对于室内设计而言，后三者的概念都具有一定的侧重性，包含的内容范围较小。室内装饰与室内装潢主要侧重于对室内环境的视觉要求，注重施工操作、室内各界面的效果、装饰材料的选择配置等；室内装修主要着重于施工工艺、工程、材料配置、装饰构造等方面的研究。室内设计是对建筑内部空间环境进行再创造的行为，涵盖了室内环境所需要的众多因素，具有较高的艺术审美要求和技术支持。室内设计与设计美学、建筑学、结构力学、人体工程学、环境心理学、环境物理学、材料学、园林园艺学、透视学、民俗学、社会学等相关学科关系密切，是一门综合性设计学科。室内装修、室内装潢、室内装饰如图 1-1-1 所示。

图 1-1-1　室内装修、室内装潢、室内装饰

综上所述，室内设计是指以建筑内部空间为设计对象，为满足一定的使用功能要求和人的感受而进行的建造工作，是以室内环境、照明处理、色彩关系、界面装饰、材料与施工工艺、家具陈设布置等为研究内容，综合考虑室内环境的各种因素及使用性质，运用技术与艺术相结合的手段进行空间组织，设计出安全、舒适、美观、合理的室内环境，结合建筑的原始结构进行内部装饰设计的艺术再创造，如图 1-1-2 和图 1-1-3 所示。

图 1-1-2　照明良好、色彩和谐、舒适美观的环境　　　　图 1-1-3　运用不同材料装饰墙、地、顶面的室内空间

1.1.2　室内设计的内容、特征

1. 室内设计的内容

根据建筑物内部实体与虚体的关系，室内设计的内容包含实体与虚体设计（空间设计）两类。实体设计一般包含室内界面设计、结构形状设计、家具陈设的摆放、规格尺度、材料运用、色彩配置等，如图 1-1-4 所

示。虚体设计指对实体围合、划分而成的可供使用的空间的氛围营造和设计,通过实体形态进行相互作用,通过大脑联想,感知形状、尺度等,如图1-1-5所示。

图1-1-4　圆形顶、墙面围合成圆柱体的"虚"　　　图1-1-5　室内"实体"——家具、陈设、灯具

根据室内设计的定义,我们可以将室内设计的内容概括为室内客观环境设计和室内主观环境设计两类,如图1-1-6所示。室内客观环境设计包含空间尺寸、空间形状、室内声环境、光环境、热环境、空气环境等因素;室内主观环境设计与人的感受有直接联系,主要有室内视觉环境、听觉环境、触觉环境、嗅觉环境等,即人们对环境的生理和心理的主观感受。

综合考虑,室内设计的具体内容可包含室内空间组织、布局,地面、墙面、顶面等各界面造型装饰,室内色彩配置,室内采光、照明设计,装饰材料的运用,施工工艺的步骤,家具、陈设布置等方面因素。室内设计的成果包括室内设计平面布置、地面铺设、吊顶、立面、大样、节点、剖面、效果图等室内设计基本图纸。

2. 室内设计的特征

设计可以改造环境,提高人类的生存质量。室内设计可以反映一个国家或地区的政治、经济、文化发展水平,也可以体现民族的历史文化传统、不同的地域特色,是促进人类生存、生活、发展的重要活动。

1)室内设计具有时代性特征

随着历史发展,室内设计的风格、流派均发生了时代性的变化,室内设计的样式与当时的历史背景有密切联系。由于政治、经济、文化、技术水平的不断提高,以及人们的思维意识、生活观念和主观要求的改变,室内设计发生了翻天覆地的变化。不同的历史阶段的室内设计作品,具有相对唯一性和独特性,历史赋予室内设计不同的意义,故时代性是室内设计最显著的特征。

室内设计的时代性可按照人类社会的发展过程和进步程度划分为四个阶段:①原始社会阶段,这个阶段属于石器时代,人类对自己的居住环境只有遮风挡雨这个最基本的要求;②封建社会阶段,这个时期属于农耕时代,手工业、生产工具有了相应的发展,建造技术和装饰手段也更加丰富,出现了一些具有代表性的建筑和室内装饰艺术;③近现代社会阶段,由于机器大生产,出现了全新的建筑形式,室内设计的风格、流派走向多元化;④当代工业信息社会阶段,即高科技信息时代,追求高新科技的设计理念,室内设计出现了高技派、后现代、解构主义、光亮派等派别,如图1-1-7和图1-1-8所示。此外,室内设计的时代性还体现在更新速度和对时尚高度敏感性等方面,以及"以人为本"的人性化设计方面。

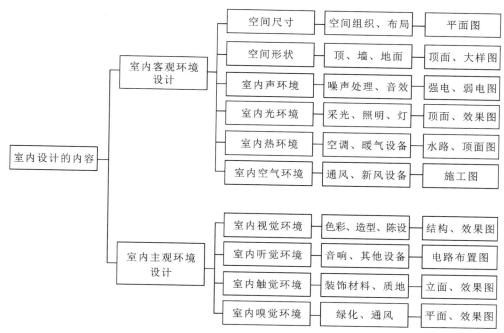

图 1-1-6　室内设计的内容

图 1-1-7　新中式风格的室内设计

图 1-1-8　光亮派作品

2）室内设计具有地域性特征

由于人们在不同地域拥有差异的生活习惯，不同民族也有着各自的风俗文化，建筑与室内设计受到地方特色的影响，具有较明显的地域差异性。地域性的形成受到自然条件、季节气候、历史习惯、生活方式、民俗礼仪、民族文化、风土人情等因素的影响，使建筑与室内设计的发展呈现出具有典型代表性的本土特色和民俗样式。因此，地域性是室内设计的另一个显著特征。例如，同样是酒店包厢的设计，不同的企业文化定位会催生不同的设计风格，如图 1-1-9 和图 1-1-10 所示。

图 1-1-9　新中式风格的酒店包厢设计

图 1-1-10　现代风格的酒店包厢设计

3）室内设计具有时效性特征

法国室内设计家考伦说："当今很难说室内设计有一个什么定则，因为在人们需求日益多样化、个性化的今天，再好的东西也会过时。新的风格不断出现并被人们接受，这就使得今天的室内设计作品多姿多彩，千变万化。"室内设计在不同的时间段会出现不同的风格，如古典、欧式、现代、混搭、简约、新中式、新古典主义等样式，一种风格的流行，往往伴随着另一种风格的淘汰或过季，如同服装一样，不同的年份、季节，都会有相应的流行趋势。随着装饰材料的发明、改造，高新科技的运用，室内设计的思维理念也会随之变化，以居室空间设计为例，家居装饰新潮流每时每刻都在更新，信息技术的不断发展，为中国设计提供了交流的平台，材料的推陈出新为室内设计提供了更多的创新支持，，如图 1-1-11 和图 1-1-12 所示。可见，时效性也是室内设计的重要特征之一。

图 1-1-11　柱体不单一色彩，局部有壁纸，顶面造型变化　　　　图 1-1-12　地面拼花、拱形顶面，中西混搭风格

4）室内设计具有局限性特征

室内设计是在建筑设计完成原形空间的基础上，进行的第二次设计。目的是通过升华设计，获得更高质量的个性空间，形成真正满足使用者需求的理想实质空间，是将冰冷的钢筋混凝土变成更富有人情味和艺术性的空间境界。室内设计的主体对象多是具有强烈性格的个人，设计过程具有较强的针对性，设计作品需要具有相对唯一性、严谨性和狭窄性。室内设计必须借助已有的建筑结构，在有限的空间进行创作，并没有绝对的自由度，在创造过程中还允许使用者的参与和选择，增加了创作难度和心理压力。因此，室内设计受到建筑及人为因素的制约，具有一定的局限性，如图 1-1-13 和图 1-1-14 所示。

图 1-1-13　卫生间只能在原本建筑墙体的基础上进行设计　　　图 1-1-14　原建筑空间大小决定了健身器械的位置和数量

1.1.3　室内设计的原则

室内设计的目的是给人提供舒适、合理、科学的生活、工作环境，故室内设计需要满足一定的功能性的

要求,还需要充分考虑人的心理感受、视觉感受及室内环境的艺术效果等因素。

1. 室内设计的功能性原则

从功能性的角度而言,室内设计主要是为了满足人们生产、生活、工作、休息等的使用,对建筑的立面、室内空间等进行装饰的要求。因此,室内设计应当以人的使用需求为前提,充分考虑人的活动规律、空间关系、比例尺寸、通风换气、采光照明、色彩配置、家具摆放、陈设效果等因素,如图 1-1-15 和图 1-1-16 所示。功能性原则是室内设计的首要原则。

图 1-1-15 酒店豪华套间为商务人士提供功能性较强的办公区

图 1-1-16 卧室选用遮光性较强的窗帘

2. 室内设计的精神性原则

随着经济高速发展,人类社会走向富足,人们在文化和物质生活得到迅速满足的同时,也开始讲究和注重自身生活环境的提升。除具有完善使用功能外,室内设计还应该具有更多精神享受的内容和更丰富的内涵。人的一生有 2/3 的时间在室内度过,建筑、室内设计大师梁思成说过:"建筑是凝固的音乐,音乐是流动的建筑。"建筑物不仅让人享受舒适,更像音乐般给人美好的感受。室内环境对人的身心健康具有较大的影响,在不同的环境下,人们的行为、状态会受到色彩、光线、图案、形状、高度、陈设等因素的影响,设计者需运用人与环境的相互作用进行更深层次的考虑,从人的意志与情感出发,运用更富有艺术感染力的构思,满足人们对于室内环境的精神功能的要求,如图 1-1-17 和图 1-1-18 所示。

图 1-1-17 纵深感较强的别墅空间,使人身心愉悦

图 1-1-18 弧线条、造型吊顶和拱形书柜

3. 室内设计的技术性原则

建筑空间的结构造型与室内设计有着密切的联系,通过先进的科学技术,可以为室内环境的艺术效果提供有效的技术支持,弥补建筑本身结构方面的缺陷,同时,相当一部分有创意的艺术构思与设计理念都需要一定的技术手段支持才能够实现。由于现代科技的迅猛发展,高新、尖端的科学技术被合理、科学地运用到各类室内环境当中,使室内环境达到最佳声、光、色、形的匹配效果,实现了高速度、高效率、高功能的室内空间,有效提升了室内设计的创新性水平,使先进的技术手段与艺术更加完美的结合,形成了更加多元化的

设计作品,如图 1-1-19 和图 1-1-20 所示。

图 1-1-19 触感开关

图 1-1-20 智能化设计

4. 室内设计的安全性原则

建筑本身具有承担重力作用的主体结构,无论是墙面、地面或顶面,都需要具备一定强度的梁、柱结构做支撑,特别是各部分之间的连接的节点,更需要安全可靠的保障。设计者不能因为设计的需要,随意在室内进行主体结构方面的拆装、改造,设计的前提是符合房屋建筑和室内环境装饰的规范要求,如图 1-1-21 和图 1-1-22 所示。

图 1-1-21 室内消防设备和安全通道

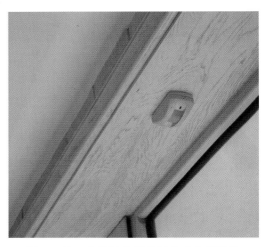

图 1-1-22 安装于窗框的红外感应器防盗

5. 室内设计的经济性原则

经济性原则是室内设计工作必备的原则之一,设计人员需要根据建筑的实际性质和室内空间的用途,确定设计的标准,避免单纯追求艺术效果,造成资金浪费,同时,不能片面降低标准而影响效果,最好能够通过巧妙地构造设计达到良好的实用与艺术效果。

6. 室内设计的可行性原则

可行性原则是建立在安全性和功能性原则的基础上的,如图 1-1-23 和图 1-1-24 所示。室内设计的最终效果,不是图纸和方案的完成,而是将设计通过施工变为现实。不可行的设计方案,无法以人的使用要求为目的,更不用说为人提供安全、舒适、美观的环境了。

7. 室内设计的差异性原则

人们所处的地区环境、地理位置、气候条件、生活习惯、文化传统的差异,使各民族、各地区建筑与装饰风格存在较大差别,形成了室内设计的多元化风格样式。

图 1-1-23 悬挂于顶面的吊顶,需要重点考虑安全性

图 1-1-24 复杂的嵌套式吊顶施工完成后的效果

1.1.4 室内设计的分类、要素

1.室内设计的分类

根据室内设计性质不同,室内设计可以分为居室空间设计、办公空间设计、公共空间设计三类。

1)居室空间设计

居室是重要的生活场所。居室空间设计主要以家庭结构,生活方式和习惯,以及地方特点为主要依据,通过多样化的设计满足不同生活要求。居室空间主要是指住宅、公寓、集体宿舍等居住环境,包括多层单元式居室、组合单元、高层住宅、别墅式居室、综合性人居环境等。居室是一种以家庭为对象的人居生活环境,主要为人们提供居住、休息、生活的场所。人们一生有约1/3的时间会在居室中度过,甚至有些自由职业者,将居住空间和办公空间合并,长时间处于居室环境,因此,居室空间设计考虑人生活因素较多。

居室空间设计主要包括门厅、起居室、餐厅、书房、卧室、厨房、卫生间、储物空间等的设计,如图 1-1-25 和图 1-1-26 所示。有些别墅空间还包含车库、视听室、工作室等功能区域。

图 1-1-25 起居室沙发背景

图 1-1-26 卧室设计

2)办公空间设计

办公空间为人们提供工作场所,使工作达到最高效率,塑造和宣传企业形象。办公空间的工作范围包括写字、读书、交谈和思考,对计算机及其他办公设备进行操作。由于创立品牌、开拓市场的需求,现代企业更加重视办公场所的设计,优秀的办公空间设计可以成为增加产业价值的一种市场手段。办公空间包含学校、幼儿园、工作室、功能性较强的厂房、车间、其他公共空间的办公区域等。

办公空间设计主要包括门厅、前台、过道、洽谈室、休息室、员工休闲区域、卫生间、餐厅等的设计,如图 1-1-27 所示。学校中的办公空间包含教室、图书室、活动室等,写字楼中的办公空间包含员工办公室、经理室、总经理室、会议室等功能区域。

(a) 总经理办公室   (b) 大型会议室

图 1-1-27　办公空间设计

3) 公共空间设计

公共空间可分为娱乐空间、展示空间、公用空间等。公共空间设计主要根据场所的使用功能进行。不同的空间性质，设计的要求差别较大。

(1) 娱乐空间设计。

娱乐空间设计包含餐饮、酒店、影剧院、KTV、会所、浴场、酒吧、游戏厅、商场、超市等环境的设计。

餐厅是人们就餐的场所。餐厅的形式不仅体现餐厅的规模、格调，而且代表餐厅的经营特色和服务特色。餐厅大致可分为中式餐厅和西式餐厅两大类，根据餐厅服务内容，又可细分为宴会厅、快餐厅、零点餐厅、自助餐厅等。中式餐厅是提供中式菜式、饮料和服务的餐厅。各地的物产、气候、风俗习惯及历史情况不同，长期以来逐渐形成了许多菜系、流派和地方风味特色。餐厅的功能区域包括就餐区、包房雅间、吧台区、厨房区、过道区、公共卫生间、员工卫生间、员工更衣室等。餐厅设计如图 1-1-28 和图 1-1-29 所示。

图 1-1-28　餐厅包房雅间设计   图 1-1-29　日式餐厅就餐区设计

酒店空间除具有餐饮场所外，还包含客房空间等。酒店的客房是酒店设计的重点。客房为客户提供休息、工作的场所，功能较多体现服务特色。客房一般分为单人间、标准双人间、三人间、豪华套房、总统套房等。酒店的功能区域包括餐厅、门厅、前台、客房、过道、娱乐室等。酒店客房设计如图 1-1-30 所示。

影剧院、KTV、会所、酒吧、游戏厅均属于喧哗场所，设计时需要重点考虑空间的视听效果、娱乐性、专业设备和隔声要求。

商场、超市属于消费场所，设计时需考虑场所的使用功能、产品、销售对象等因素，如图 1-1-31 和图 1-1-32 所示。

图 1-1-30 酒店客房设计

图 1-1-31 商场卖场设计

图 1-1-32 超市设计

（2）展示空间设计。

狭义的展示行为包括具体展示内容、空间、传达流程的组织等因素。展示空间是以展示者与参观者的存在为前提的。展示空间是能满足人获得信息的需求的空间，属于公共空间的一种，特点是开放性和流动性，主要为了信息的传播与交流。展览馆、博物馆都属于展示空间。

展示空间的功能区域分为门厅、前台、各类展厅、休息室、卫生间等。北京七九八工厂某画室展厅如图 1-1-33 所示。

图 1-1-33 北京七九八工厂某画室展厅

（3）公用空间设计。

公用空间包含火车站、飞机场航站楼、港口码头、地铁站、火车内部、飞机内部、船舱内部、油轮内部、地铁内部、公共卫生间、图书馆、体育馆等。公用空间设计根据设计对象的不同，以满足使用功能为目的进行设计，如图 1-1-34 所示。

(a) 香港迪士尼公共卫生间设计　(b) 北京飞机场设计　(c) 国际航班机舱内设计　(d) 地铁通道设计

图 1-1-34 公用空间设计

2. 室内设计的要素

室内空间由地面、墙面、顶面围合限定而成，三大界面确定了室内空间的大小和形状。室内设计的要素包含空间要素、色彩要素、光环境要素、界面要素、陈设要素、绿化要素等。

1）空间要素

空间要素是室内环境的最重要的要素。通过空间的设计，空间可以满足人们对于舒适性、实用性、审美性的要求。空间可根据不同的要素分为虚拟空间与实体空间、动态空间和静态空间、开敞式空间和闭合空间等。不同的功能空间需要不同的效果，如通透、私密、动感、流线、安静、稳定、和谐、对比、层次、均衡、独特、衔接、呼应、延续等都可能出现在不同性质的室内环境中。空间要素是其他要素的基础和前提，为色彩要素、光环境要素、界面要素、陈设要素、绿化要素提供设计的场所，如图 1-1-35 所示。

(a) 静态空间设计   (b) 动态空间设计

图 1-1-35   空间要素

2）色彩要素

色彩通过其自身特点，对人的视觉产生作用，影响人们心理和生理状态。色彩对整个室内环境产生复杂的影响，具有调节作用、暗示作用，能够让人们产生温暖、宁静、激动、兴奋、刺激等情绪，从心理上传达色彩的信息，为室内环境增添更多未知效应。同时，色彩的搭配会带给空间音乐般的节奏感和富有变化的层次感。室内色彩在第一印象上传递空间的主题，调节整个环境的氛围。丰富的色彩具有多变的引导和暗示效应，并提供给空间富有变化的节奏。室内色彩的调节作用是通过科学、有效地运用色彩的性质、机能，使其最大限度发挥空间的特性，服务于人，创造舒适的空间环境。室内各要素（墙面、顶面、地面、陈设、绿化等）都可以利用不同色彩相互搭配，形成不同风格的室内环境。不同色彩代表的不同表情，可以丰富空间的氛围。每种色彩的不同效果，成了整个环境中相互协调的源头。有效利用色彩，能够创造出更加合理的室内空间环境，增加视觉的舒适度，增强空间的物化感，使人们从疲劳中解放。色彩要素如图 1-1-36 所示。

(a) 北京青年旅社休息空间   (b) 北京地铁通道

图 1-1-36   色彩要素

3）光环境要素

室内光环境是室内空间设计的重要组成部分。室内设计的一切事物的装饰与审美，都是由于光照，才呈现给人们完整的空间效果。光照给室内环境提供了实用和审美的双重效应,为室内设计传达了色彩、造型、布置等基础性信息。良好的光环境,是人们通过室内空间享受生活的前提条件,也是人们充分发挥想象的平台。在室内环境中,获得充足的日照能保证人们,尤其是老人、病人及婴儿的身心健康,能保证室内空气洁净,改善室内小气候,提高居住舒适度。光环境要素如图 1-1-37 所示。

(a) 自然采光

(b) 人工照明

图 1-1-37　光环境要素

室内光环境分为自然采光和人工照明两类,自然采光来自太阳光。根据季节的不同、早晚的差异,室内自然光会呈现出不同的状态。自然采光是人眼感受中最舒适的光,利用自然采光,我们不仅可以节能和降低成本,而且可以使人的视觉处于最佳的状态。室内环境需要足够的光照,由于自然光受到天气、开设方向、空间形式、开窗形状等因素的制约,单纯依靠自然采光是不能满足要求的。要想满足人们对于高效、舒适的生活以及工作环境的要求,使整个室内环境的氛围都呈现多元和变化的趋势,就必须将现代的照明技术融入室内光环境设计中,利用现代技术更加多样的灯具的设计成果,达到更好的调节室内光环境的目的。光既可以是无形的,也可以是有形的。灯饰在空间中的作用大于其他饰物。灯具的造型和颜色,是整个家居装饰的组成部分,灯光效果的合理配置,更能为家居增光添彩。灯具的造型追求艺术性与科学性的有机结合。灯具除了功能合理外,还应有美化环境、装饰建筑、创造气氛的作用。

4)界面要素

室内界面,即围合成室内空间的底面(楼面、地面)、侧面(墙面、隔断)和顶面(平顶、吊顶)。室内界面的设计,既有功能技术要求,也有造型和美观要求。作为材料实体的界面,有界面的线形和色彩设计、界面的材质选用和构造问题。室内环境的界面设计需要与色彩要素、光环境要素相结合。同时,界面要素与装饰材料关系密切,与房屋设备周密协调,如界面与风管尺寸,出、回风口的位置,界面与嵌入灯具或灯槽的设置,以及界面与消防喷淋、报警、通信、音响、监控等设施的接口也需重视。界面要素如图 1-1-38 所示。

(a) 国外某餐厅过道顶面装饰

(b) 楼梯间玻璃窗装饰

(c) 某商场地面设计

(d) 欧式风格的墙面

图 1-1-38　界面要素

5) 陈设要素

室内陈设是指对室内空间中的各种物品的陈列与摆设。陈设品的范围广泛,内容丰富,形式多样。陈设要素包含家具、地毯、窗帘布艺、壁纸、绿化、灯具、书画、装饰品等要素。陈设对室内空间形象的塑造、气氛的表达、环境的渲染起着锦上添花、画龙点睛的作用,是完整的室内空间必不可少的内容。陈设品的展示,必须和室内其他物件协调、配合。可见,室内陈设艺术在现代室内空间设计中占据重要的位置。陈设可以起到烘托室内气氛、创造环境意境、丰富空间层次、分隔空间、强化室内环境风格的作用。在室内设计中利用家具、地毯、绿化、水体等陈设创造出的空间不仅使空间的使用功能更趋合理,更能为人所用,使室内空间更富层次感。陈设要素如图 1-1-39 所示。

(a) 中式家具、字画、绿化陈设　　　　　(b) 装饰壁灯陈设　　　　　(c) 具有民族特色的装饰物、
　　　　　　　　　　　　　　　　　　　　　　　　　　　　　　　　　　　窗帘布艺等陈设

图 1-1-39　陈设要素

6) 绿化要素

室内绿化可以增加室内的自然气氛,是室内装饰美化的重要手段。室内绿化具有净化空气、调节小气候、组织空间、引导空间、柔化空间、增添生气、美化环境、陶冶情操、抒发情怀、创造氛围的作用。随着空间位置的不同,绿化的作用和地位也随之变化,应根据不同部位,选好相应的植物。室内绿化应充分利用空间,尽量少占室内使用面积,某些攀缘植物宜垂悬以充分展现其风姿。因此,室内绿化的布置,应从平面和垂直两方面进行考虑,形成立体的绿色环境。

课题 2　室内设计行业发展

学习目标　　了解室内设计的发展趋势;理解室内设计的发展现状;掌握室内设计行业的发展情况;熟练掌握室内设计从业人员应具备的基本素质及行业对室内设计师的要求。

学习任务　　学习室内设计的发展现状、今后的发展趋势,从业人员应具备的基本素质以及行业对室内设计师的要求。

不同的历史发展阶段对于室内设计的要求也不相同,室内设计的行业要求差异较大,室内设计师需要了解室内设计的发展现状,掌握室内设计的就业趋势。室内设计师需要做好前期准备工作,充分了解行业对人才的规范要求,才能更好地适应社会,尽早成为一名合格的室内设计人员。

1.2.1 室内设计行业的发展

中国的现代室内设计已适应公共建筑和住宅建筑大规模兴建的需要,迅速成长、飞跃发展,度过了模仿东、西方传统室内设计和西方现代室内设计的时期,逐步走上了创新之路。

1.行业的发展现状

目前,全球建筑装饰行业正在飞速发展,中国的建筑装饰行业正面临着世界同行业的竞争和挑战。国家对装饰行业的规范化和不断完善,带动了室内设计的不断变革,室内设计的发展趋势也更加多元化。室内设计行业发展迅速,室内设计师已经成为一个备受关注的职业,被媒体誉为"金色灰领职业之一"。

1)起步较晚,行业人才需求量大

由于我国室内设计专业人才的培养起步较晚,面对高速发展的行业,人才供应出现较大缺口,2004年,全国室内设计存在40万人才缺口。据调查显示,目前从事室内设计的人员主要从艺术设计、平面设计等职业转行而来。多数设计师并没有经过室内设计专业系统的教育和培训,导致设计水平参差不齐、装饰质量难以保障等多方面问题,关于设计的投诉呈上升趋势;同时,由于市场繁荣、人才需求自然旺盛,一些装饰公司甚至不愁没单,只愁没人。越来越多人看好室内装饰行业良好的职业前景,纷纷加入室内设计师的行列。而设计师数量匮乏,现有从业的优秀设计师在各个项目中疲于奔命,导致设计效果难以保证、设计水平难以提高。因此,国内相关专业的大学输送的毕业生无论从数量上还是质量上都远远满足不了市场的需要。装饰设计行业已成为最具潜力的朝阳产业,未来20~50年都会处于高速上升的阶段,具有可持续发展的潜力。

2)整体设计水平不平衡、市场上原创作品较少、创新思维匮乏

从门类繁多的设计发布、设计竞赛设计作品中不难看出,绝大多数作品在设计创意、对于空间的理解和整体把握、文化内涵、美学等综合修养方面显露了设计的原创性和文化内涵的匮乏,以及表象浮躁的状态。"非原创性"设计在设计领域及应用项目中占有比例较高。城市设施、建筑及室内环境空间中,缺乏创新设计,经不起推敲的拼凑形式和抄袭之风盛行,影响和冲击着"设计"这个文化现象的崇高地位,制约着我国社会与文化,乃至经济的发展进步,严重阻碍了室内设计行业的健康发展。从行业20多年历史看,真正立足一个角度的作品不是很多,设计的深度、成熟度较弱,广度不足。当然,也曾出现发人深思的作品。因此,大力加强人才培养,推广原创设计,已成为设计界人士的共识。

3)房地产等相关产业的发展,带动室内设计行业的突飞猛进

近年来,楼市的不断加温,推动了室内设计的发展,买房、装修已经成为市民关心的热点、焦点。国内房地产业和建筑装饰业的起步和高速发展带来了难得的机遇。城市化建设的加快,住宅业的兴旺,国内外市场的进一步开放,在国内经济高速发展的大环境下,各地基础建设和房地产业生机勃勃。据统计,住宅装饰、装修已成为我国新的三大消费点之一,整个建筑业不同房屋施工面积占整个建筑施工面积首位,全国室内装饰工程量每年以30%以上的速度递增。设计是装饰行业的灵魂,室内装饰的风格、品位决定于设计。随着房地产经济的持续走旺和装饰行业的快速发展,室内设计人才需求量大,室内设计师就业前景看好。

4)设计事务所的经营模式增多,行业针对性加强

大工业化生产给社会留下了千篇一律的同一化问题。设计事务所的出现,打破了同一化,将"设计与装饰分离"经营模式合理融入室内设计行业使设计和施工都做得更专业。事务所的经营方式、配备设计师进行"一对一"服务,为客户量身定制追求个性的时尚人士家居装潢个案,更加体现针对性设计的重要性,如图

1-2-1 和图 1-2-2 所示。事务所提倡设计多元化,强调精神内涵和个性化的理念,为客户提供更加贴心、细致的服务,避免由于企业的庞大而忽视了客户的主观需求,使设计落入平庸与大众。快捷、便利的事务所服务还使设计、预算及施工周期缩短。

图 1-2-1　形式多元化的居室

图 1-2-2　富有创意的墙面护墙处理和个性垭口

5)优化公司品质,高端设计更加精细化

随着人们居住条件的改善,个性化、高档化的家装风格成为一部分装修户的新需求。这就要求设计行业的在工厂化、专业化成熟运作的基础上进行第二次变革,达到质量更精确、服务更细致、技术更精湛的目标,实现新的跨越。除了研发菜单式、拼装化的简洁装修套餐外,还应迎合市场的高端消费人群的需求,使服务项目更加精细化,依托高素质、高标准、高质量的"三高"优势,采用"贵族式"的星级服务,满足高端装修户的特殊需求,如图 1-2-3 和图 1-2-4 所示。

图 1-2-3　顶面造型富有创意,设计精细,呈现"贵族"感

图 1-2-4　地面拼合变化,顶面层级丰富,更显精细

6）提倡专业性，重视培养设计人员的综合素质

室内设计将会向着专业、规范的路线发展。优秀的设计师，不再是坐在电脑前面的 CAD 制图员，也不依靠已有图块，到处参考、仿抄他人，而是必须对室内设计行业、装修市场、装饰材料、空间风格、家具陈设、环保要求等进行多方位的调研和了解，对社会各阶层的经济承受力、审美情趣等有很强的洞察力和意识性。此外，优秀的室内设计师还要懂得人类生活习惯的基本需要和享受需要。现代化的发展让人类的生活更加丰富多彩，工作和生活的空间越来越讲究舒适和美观，个性化、私密性、细节化都要直观地体现在设计中，没有工作和生活经验的人很难做出如此考虑，这方面因素的欠缺是初学室内设计的人员的致命缺陷，如图 1-2-5 和图 1-2-6 所示。

图 1-2-5　体现室内设计专业水平，界面处理新颖得当，陈设搭配合理，地面效果较好，注重个性化、细节化

图 1-2-6　整个空间层次鲜明，界面材质丰富，节奏与线条流畅

7）倡导"校企合作"的培养方案

学校和各种专业的培训机构，是各家装饰设计公司选拔人才的基地。"校企合作"是指企业与学校联合办学，优势互补。学校为社会和企业培养室内设计师的人才，而企业解决学生毕业后的就业问题；学校可以依照企业的用人需求为企业培养实用型人才，企业分派人员去学校举办讲座，为学校未毕业的学生提供实习、实训基地，短时间内提高学员的专业水平和实操能力。"校企合作"能达到互利双赢的目的。

8）企业规模化，服务产业化，行业综合性提高，涉足领域更加广泛，与国际接轨

室内设计不但在建筑产业范围内与建筑、规划设计形成鼎足之势，还将进入航天、探秘、深海、交通运载和覆土建筑的科技前沿独领风骚，逐渐居于人类生存空间设计的领先地位。此外，企业重视选派优秀设计师赴国外考察，扩大设计视野，使设计作品与国际流行趋势接轨。同时，室内装饰行业逐步朝产业化、规模化方向发展，在工厂化、产业化的运营基础上，"以创新意识突破传统经营思路，通过模块化组合设计、一站式选材与节能设备选用，达到家装优化资源配置的目的，彻底改变了手工作业的方式，实现了装潢工厂化、

产品化、集约化"，有效地节约了装潢成本。

9）规范化行业标准，倡导室内设计收费标准，提高图纸制作的规范性

室内设计行业逐步趋于规范化，公开、公平、公正地按装修实用面积收取设计费。为了使设计收费合情合理，权利、义务对等，工商行政部门共同参与制定室内设计委托合同示范文本，编写了关于适用范围、设计图内容、特殊设计及安全要求等设计明细等规定，将"设计"变为有偿劳动，不仅加强了设计师服务的规范程度，而且提升了设计师的地位，有效杜绝了设计乱收费现象。此外，室内设计公司拥有建筑室内设计制图统一标准、家居住宅室内设计文件编制深度规定及高于行业标准的制图标准，对家居制图标准的设计说明、图例、线型比例、施工节点等进行明确规定，确保家居设计图纸的服务规范，为家装工程施工提供了有效的依据，从而填补了行业的制图规范领域的空白。各公司内部对图纸管理严格，设计师的每套图纸均要经过设计、校对、审核三级责任人盖章。

2. 室内设计的发展趋势

在人类从事的建筑活动中，建筑设计和室内设计目标一致——为创建人类赖以生存的建筑空间而工作。从设计肩负的任务、内容、设计主体对象多方面比较，两者有着本质区别，决定了室内设计在未来建筑活动中，肩负着更重要的社会职责。现代社会的发展使室内设计越来越复杂化，人们对于生活居住空间环境的要求也不断提高，室内设计需要综合处理人与环境、人际交往等多项关系，需要在为人服务的前提下，综合解决使用功能、经济效益、舒适美观、环境氛围等多种要求。设计从生理上、心理上满足人们的不同需要，才会有个性，才会不断地创新并向多元化发展。因此，随着社会经济的迅猛发展，室内设计逐渐向更加人性化、自然化、智能化、生态化、节能化、多元化等方向发展。

1）人性化

随着人们物质生活和文化水平的提高，科学技术的迅速发展，人们的思想观念发生了根本性转变——价值观以"物为本源"转变成以"人为本源"，即重视人的需求、"以人为本"的观念，主张设计师应该始终把人对室内环境的要求放在设计的首位，一切为人的生活服务，创造美好的室内环境，提倡室内环境设计不仅是一种艺术的再现，而且是一种生活方式的体现。因此，室内设计更加趋向于"人性化"的发展，室内环境的设计需要围绕着人的衣、食、住、行，以及一切生产、生活、工作、休息活动，人的生理和心理，人的视觉、听觉、触觉、嗅觉感受进行考虑，符合人的使用要求，使人身心愉悦、舒适。随着住房的大型化，原有小空间住房将改造和重新装修。城市人口集中，为了高效、方便，国外十分重视发展现代服务设施。室内设计师在设计的过程当中要更强调"人"这个主体，以让消费者满意、方便为目的。同时，社会开始关注无障碍设计，关心残疾人、老人和孩子的生活需要；注重休闲场所的设计，满足人们休闲生活的需求。设计师要认识到室内设计人性化和人文化的重要性。室内是人类生存活动的主要空间，充分考虑人的生理、心理需要，最大限度关心人，是室内设计的本源。人性化设计如图1-2-7和图1-2-8所示。

图 1-2-7　酒店客房准备的办公区域，考虑周到　　　图 1-2-8　顶面和地面呼应的拼合处理，有一定的引导性

2）智能化

目前，智能化建筑和公寓已经出现于发达国家和地区。智能化设备具有能源控制、通信管理及安全检测等功能，提倡高技术、高情感化相结合的设计理念。室内设计师既需重视科技，又需强调人情味。随着电子科技的突飞猛进，计算机和网络技术的广泛应用，新型建筑材料、室内装饰材料的快速发展，未来的空间格局将更加自由地进行划分。智能化的模式将给人类社会的生产和生活方式带来革命性的变化，彻底改变

人们的时间与空间概念。在现代的室内环境设计中,照明技术、空调技术、机械技术、家具生产技术、装饰材料技术的日益更新,透视出未来建筑环境设计的变化和发展方向。

3)生态化

由于工业文明的快速发展,人们对自然资源的过度浪费,对能源无限量的消耗,造成了全球气候变化的严重后果。面对生态危机,保护自然环境迫在眉睫,室内设计也不例外。随着人们环境保护意识的增长,设计师应当对装饰材料和工艺做法等因素进行重新认识和探索,实现室内环境的良性循环,创造出宜人的、节能环保的、绿色的室内环境,真正满足人们对于"绿色建筑"生态观的追求,还原美观舒适、采光通风良好,避免环境污染、噪声,保温隔热合理,道路交通完善,绿化美观的生存环境,如图1-2-9所示。

4)节能化

节能低碳是现代设计全新的环保理念,是当今全球化发展的新要求。从可持续发展的要求出发,人们更加注重节约能源、保护环境,室内设计应当使用环保的装饰装修材料,使人工环境与自然环境相结合,使用节能的新型产品,如将LED灯具运用到室内设计的照明设备中,大大减少了能源的消耗,降低了使用成本,如图1-2-10所示。

图1-2-9　生态化——以竹为主要隔断家具

图1-2-10　节能化——左墙利用LED灯制作的灯箱

5)多元化

多元化也可以诠释为多功能化、多因素化和复杂化。由于室内空间要求不断创新,设计融入了新材料、新工艺、新技术、新思维,人们追求的风格样式也更加多样化,不仅注重形式上的变化,还注重造型、色彩、界面、陈设的多样性。高新科技与传统相结合,中西方相互衔接,混搭的元素越来越丰富,造就了室内设计的多元化发展趋势,如图1-2-11和图1-2-12所示。

图1-2-11　富有个性的书房,中式的木材
结合了多层级欧式样

图1-2-12　多元化起居室

1.2.2　室内设计行业对人才的要求

室内设计是一种综合性较强的学科门类,要求从业人员具有相对全面的综合素质。从业人员在具备专业知识和专业技能的基础上,还要具有良好的沟通能力,超于常人的创造力。此外,室内设计师需要了解行业的众多规范要求,掌握自己的岗位职责,并对于行业最新的发展动态有着异于常人的洞察力。

1.室内设计师的必备修养

1)专业知识与专业技能的要求

室内设计师需要掌握相关专业知识和专业技能,了解与室内设计学科有着密切联系的学科领域,以便全面地为室内设计行业提供更加多元化的服务。

(1)熟知材料、工艺。

设计师必须了解装饰材料,包括材料的物理性能、化学性能、用途、市场价位、出产地、与同类材料的区别等因素,作为与客户交流报价时,剖析单价构成的依据。当客户有所质疑时,设计师需向客户解释工艺材料及材料价格构成,制作材料分析表,写明可视材料和不可视材料的具体情况,人工工资费用、材料价位合计,才能具有一定的说服力。同时,设计师要经常在材料市场做实地考察,特别关注新型材料的推陈出新,及时运用到自己的设计中。此外,设计师还要熟悉各类土建材料和建筑装修材料的机能、特点、尺寸规格、装饰效果和价格,正确地选用材料,适当地搭配材料,熟悉装修施工工艺,以确保装饰装修的质量,尤其需要了解装修装饰施工的基本做法,否则很容易造成设计无法实现的后果。

(2)手绘能力。

手绘能力是设计师必备的能力之一,手绘效果图代表设计师的美学水准和审美观。各大院校及培训机构也将手绘作为一门独立的专业基础课程,教学名称为“表现技法”。虽然运用计算机可以更加清晰和真实地再现设计空间,但纸笔作画仍是最简单、直接、快速、有效的方法。事实上,虽然用计算机、模型可以将构思表达得更全面,但最重要的想象、推敲过程绝大部分都是通过简易的纸和笔来进行的。手绘具有一定的技巧性,且形式自由、随意性较大,可以在表现之余,给予观者更丰富的想象空间,有电脑技术无法比拟的优势。艺术的生动性就在于相同的设计在不同人的笔下呈现出的主观能动性,简单几笔的勾勒就可以表达设计的精髓,效果简练而不单调、沉稳而不呆板、流畅而有序,是最富感染力的手法。因此,手绘已经成为设计师表达思维的最直观方式,手绘效果图也可以作为与客户沟通的有效方法之一。

(3)熟知报价。

为客户做出详细的工程报价是室内设计师必备的基础条件。根据客户设计方案的材料要求、施工工艺等,为客户进行合理的、科学的价格分析,是每位设计师应该完成的重要工作。只有熟悉材料的价格、了解施工工艺流程,才能够有效地将设计变为现实。报价是工程实施的关键因素,一份好的报价,能够使签约变得顺利,合理的报价也会为客户提供装修的依据。因此,室内设计师需要熟知报价的具体内容和各项指标,认真对待每个经手项目的报价情况。

(4)熟悉相关软件。

设计师要懂制图(土建制图、机械制图),能熟练运用软件绘制符合国家规范的设计图纸和施工图。室内设计师常用的软件:AutoCAD,用来绘制工程图纸;3D MAX,用于室内建立模型、材质、灯光展示;VRAY,是一个渲染插件,用来处理模型的材质、渲染效果图;PHOTOSHOP,是图像处理软件,用于渲染出来的效果图的后期处理,使效果图更加具有真实感。用 AutoCAD 软件制作的平面布置图和放样图如图 1-2-13 所示。

(5)熟悉图纸规范。

设计师要能看懂各类土建施工图纸,对给排水(上、下水)工程图、采暖工程图、通风工程图、电气照明与消防工程图等也要能够熟练识别,避免装修设计与其他各相关工程发生冲突,更周密、有效地进行设计;懂得建筑的根基机关类型,对常用的结构体例等也要熟悉;具备室内和家具方面的常识与涵养。

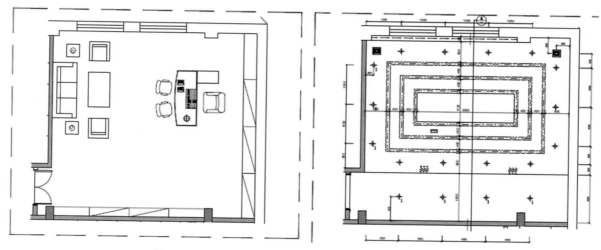

图 1-2-13　用 AutoCAD 软件制作的平面布置图和放样图

（6）熟知相关学科的知识。

室内设计的专业知识涵盖面较广，除了色彩设计、照明设计、透视学、构成艺术、施工工艺流程、装饰材料的性能及运用、施工预算及报价等诸多方面外，还与人体工程学、环境心理学、社会学、建筑结构力学、物理动力学、化学生物学、电工学、消防科学等学科有密切联系；透视学用来快速、准确地表现室内效果；摄影、摄像艺术用于拍摄现场、工程的进度情况，完工的作品；园林园艺学，用于室内和周围环境的绿化，了解绿色植物、盆景与插花，绿化树种、花卉的特征与功能；人体工程学用于了解室内与人有关的所有尺寸；环境心理学用于了解环境与人的关系，环境因素给人带来的不同感受和心理暗示；社会学用于了解人与人之间的关系、人群与阶级的关系，有助于了解人与环境的关系；物理动力学用于了解动力学知识，保证设计和居住安全。此外，设计师最好了解工业设计心理学、工程心理学、化学生物学、风水方面的知识。

2）沟通交流能力

在室内设计的具体工作中，善于协调、沟通能够保证设计的效率和效果。设计师的想法，不经过一定的沟通与讲解，是很难被客户接受的。通过与客户的洽谈、现场勘察，尽可能多地了解客户从事的职业、喜好、业主要求的使用功能和追求的风格等，才能更加高效地进行设计工作。应当注意的问题：①不要强调设计师的风格，尽量以客户的喜好为主，投其所好；②将预算、报价细致化；③多考虑细节问题，并有效解决；④真诚地对待每个客户的要求，运用合理的方式进行评估与分析；⑤对施工的工地负责，与工人在现场进行沟通，遇到问题及时解决，监督工人按照设计进行施工；⑥与客户沟通时，了解客户心理，搞清楚自己的设计定位和本设计的优势，尽量满足客户提出的要求，用简单的、朴素的语言跟客户沟通，避免过度使用专业术语。

3）个人素质的提高

（1）注重培养团队合作精神。

室内设计师在不同的设计对象中扮演不同的角色。居室设计一般都是单独设计、制图、与客户沟通、现场指导。如果是公共空间设计，设计工作一般不能独立完成，通常是几个人共同经手一个项目，为同一个方案服务，因此，团队合作精神，是室内设计师必不可少的素质之一。

（2）注重提高个人的创新能力。

丰富的想象、创新能力和前瞻性是室内设计师又一项必不可少的素质，是室内设计师与工程师的一大区别。工程设计采用计算法或类比法，工作的性质主要是改进、完善而非创新；造型设计则非常讲究原创和独创性，设计的元素是变化无穷的线条和曲面，而不是严谨、烦琐的数据，如图 1-2-14 所示。故在工作之余，室内设计师要有意识地培养、提高个人的创新思维和创新能力。

（3）及时对个人工作进行总结。

室内设计的方案实施，是一个漫长的过程，很可能遇到这样或那样的问题，需要设计师尽量积累经验和教训，把握每次学习的机会，不断总结自己的不足，反省自己的过失，及时改正错误。

图 1-2-14　运用顶面局部金色效果,富有创意

（4）合理安排工作时间与任务。

室内设计的工作过程没有太多规律性,有些设计师在同一时间段需要完成众多项目,因此,只有合理安排各个工程项目的进度,才能高效地完成方案。

（5）端正工作态度、遵守工作纪律。

行业中经常出现一些很棘手的问题和很难解决的事情,室内设计师应随时本着严谨、认真的态度面对和解决问题,严格遵守工作纪律。

（6）控制个人情绪。

由于室内设计师需要与很多方面的人物打交道,控制好自己的情绪是沟通的关键。有涵养对提高自身水平有利。

4）掌握具体的业务流程

具体的业务流程（见图 1-2-15）如下：

①预约接待时间、地点,接待电话咨询；

②初步接待、洽谈,了解客户意图,简要分析户型,解说设计流程,说明收费计价方式；

③达成初步协议,进行房屋现场测量；

④进行平面布置设计,完成初步方案,为客户讲解方案,说明设计风格、意图；

⑤报价并与客户沟通图纸细节,确定材料；

⑥更改方案（可能多次）,确定施工图纸方案和效果图；

⑦确定最终施工方案,签订合同；

⑧开始实施具体方案,在施工期间进入工地考察；

⑨工程验收,结算。

一般情况下,室内设计师应按业务流程严格地完成设计,但由于室内设计的行业特性且经常处于人与人的关系中,很容易出现较多人为因素,以上部分流程有可能颠倒或省略,属于正常现象。规模较大、业务范围较广的公司的规范性更强。

2.室内设计师岗位职责

1）资讯规范

①了解客户的功能需求,包括家庭人口、性别、年龄、每间房屋的使用要求、家庭成员的爱好、日常生活习惯,业主偏爱的材料、款式、风格、原有陈设、设计布局要求、装修范围和色彩等,进行详细记录。

②用已经成形的方案进行举例说明,介绍风格、样式、色彩搭配、陈设、绿化等,以便客户直观地描述喜好,全面、快速地启发双方的思路,找到结合点。

③争取客户的信任,本着诚恳负责的服务态度赢得客户的尊敬和欣赏。

④了解客户投入资金概算,根据客户的预算进行合理的规划和建议。

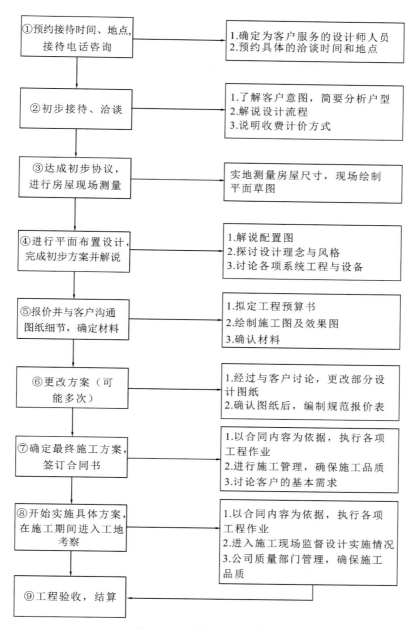

图 1-2-15 具体的业务流程

2）量房规范

①量房时注意携带工具齐全，如专业卷尺或红外测量器，用来记录尺寸的纸、笔，照相机，DV 等。

②注意细节尺寸，进行详细标注，尤其是上、下水管，暖气，梁柱位置、尺寸，排水位置，开关插座等。

③注意房屋的结构有没有建筑缺陷，及时向客户提出维修建议。

3）设计、绘图规范

①量房后，尽快按照公司规定，制作规范的平面布置图和顶面布置图。

②设计方案的制作过程，应当严格按照行业规定和公司要求，不得私自更改设计图标、设计说明和设计规范。

③正式开工前，应当绘制全套施工图纸，包括平面布置图、地面铺设图、吊顶图、水路图、强电弱电图、立面图、剖面图、节点图、大样图及效果图等，配封皮、目录、设计说明，添加规范的图框，在打印后按目录顺序进行装订，如图 1-2-16 至图 1-2-21 所示。

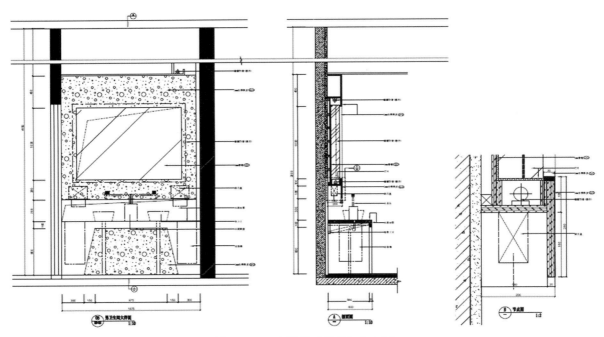

图 1-2-16 大样图、剖面图、节点图

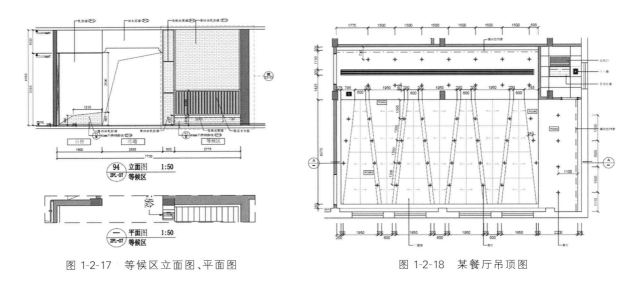

图 1-2-17 等候区立面图、平面图

图 1-2-18 某餐厅吊顶图

A B C

生物工程开发工程有限公司办公室
施工图

DEF 设计事务所

2012.2.2

图 1-2-19 DEF 设计事务所为某公司制作的封皮

序号	图 号	图 纸 名 称	日 期	规 格
1	ML-1	图纸目录(一)	2011.02	A1
2	ML-1	图纸目录(二)	2011.02	A1
3	ST-1	设计说明(一)	2011.02	A1
4	ST-2	设计说明(二)	2011.02	A1
5	ST-3	设计说明(三)	2011.02	A1
6	CL-1	材料表(一)	2011.02	A1
7	CL-2	材料表(二)	2011.02	A1
	平面部分			
8	2PL-01	二层平面图	2011.02	A1
9	2PL-02	二层地花平面图	2011.02	A1
10	2PL-03	二层砌墙平面图	2011.02	A1
11	2PL-04	二层天花平面图	2011.02	A1
12	2PL-05	二层插座平面图	2011.02	A1
13	2PL-06	二层给水定位图	2011.02	A1
14	2PL-07	二层立面索引图	2011.02	A1
15	3PL-01	三层平面图	2011.02	A1
16	3PL-02	三层地花平面图	2011.02	A1
17	3PL-03	三层砌墙平面图	2011.02	A1
18	3PL-04	三层天花平面图	2011.02	A1

图 1-2-20 图纸目录

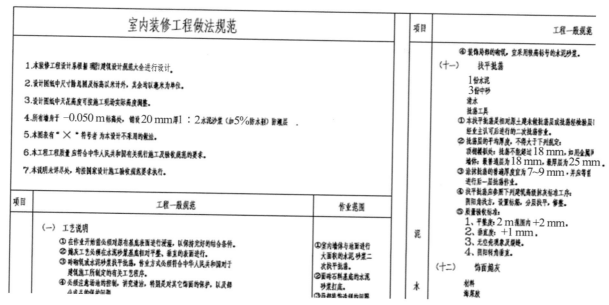

图 1-2-21　设计说明

④施工图纸原则上使用 A3 纸打印,客户在规定位置签字,图纸一般按公司规定一式四份,公司一份,客户一份,工程部一份,设计师一份。

⑤市场有特殊要求时,应协商后考虑执行相应特殊规定。

4)报价规范

①报价时,应严格按公司统一规定进行工程项目报价,如有不清楚的项目,应向公司技术部门咨询,不能擅自改动规定报价。

②报价时,严禁漏报项目或为了降低报价总额少报、瞒报单项。

③严禁将不同级别的报价做在一个工程项目报价单中。

5)签约规范

①设计师签订的合同、图纸、报价单,必须经过严格审核,方可交由客户签字生效;对于客户未签字的合同等,公司行政主管应当不盖章。

②合同一式三份,公司一份,客户一份,上级主管部门或合作单位(如市场)一份;在签约时明确开工日期,工期等细节。

③报价单一式五份,公司一份,设计师一份,客户一份,工程部一份,监理一份;如果其他部门需要,可以增加复印数量。

④整套图纸一式四份,公司一份,设计师一份,客户一份,工程部一份。

⑤补充条款一式三份,公司一份,客户一份,上级主管部门或合作单位(如市场)一份。

⑥代购协议一式两份,公司一份,客户一份。

⑦代购明细一式四份,公司一份,客户一份,财务部门一份,工程部一份。

⑧设计师签约后一日内将报价单转至公司相关部门存档。

6)现场流程规范

以居室空间设计的施工过程(见图 1-2-22 和图 1-2-23)为例,在整个施工过程中,室内设计师要全程跟踪服务,监督施工现场的实施情况、工人是否按照设计图纸完成设计任务,为工人讲解设计实施细则,与工人沟通设计细部流程和方法。尤其是木工工程、油漆工程等,很多界面设计都是依靠木工完成的,如顶面的造型、吊顶、墙面的背景、门厅的造型设计等,设计师要与现场制作工作人员进行详细的交流,避免出现图纸误差,尽可能完善地实现设计初衷。

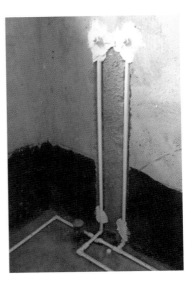

图 1-2-22　设计师必须指导工作人员按照设计图纸进行吊顶、书柜、水电改造施工

图 1-2-23　左侧为厨房铝扣板吊顶的轻钢龙骨,右侧为现场制作衣柜未上漆之前的效果

7)全过程服务规范

全过程服务流程如图 1-2-24 所示。

①设计师实行全程跟踪服务,监督设计实施情况。

②开工之前,客户、设计师、项目负责人、工人均要到现场参加工程说明会,就细节问题进行前期沟通。

③现场交流时,设计师依照图纸向工程人员详细介绍设计思路,表达要达到的效果。工程人员签字认可后方可开工。

④设计人员、工程人员如有一方未按照流程操作或者文件不齐,另一方可拒绝在开工单上签字,同时上报公司,由责任方承担损失。

⑤设计师应当在工程中期验收前在现场约见客户,共同进行中期设计验收。

⑥中期预决算后如修改和添加项目,设计师应向客户说明,并结算相应款项。

⑦设计师应当在工程开工到竣工期间,与客户保持密切联系,发现问题及时协调、处理,消除投诉隐患。

⑧设计师有必要在交工之前检查工程是否按照图纸进行施工。

⑨如果客户有要求,设计师要陪同客户进行后期配饰的选择与配置,为设计增加陈设设计部分内容。

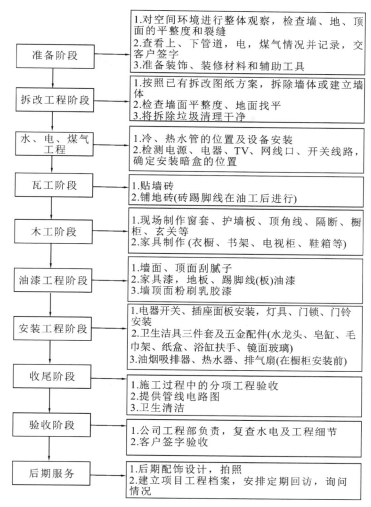

准备阶段
1.对空间环境进行整体观察,检查墙、地、顶面的平整度和裂缝
2.查看上、下管道,电,煤气情况并记录,交客户签字
3.准备装饰、装修材料和辅助工具

拆改工程阶段
1.按照已有拆改图纸方案,拆除墙体或建立墙体
2.检查墙面平整度、地面找平
3.将拆除垃圾清理干净

水、电、煤气工程
1.冷、热水管的位置及设备安装
2.检测电源、电器、TV、网线口、开关线路,确定安装暗盒的位置

瓦工阶段
1.贴墙砖
2.铺地砖(砖踢脚线在油工后进行)

木工阶段
1.现场制作窗套、护墙板、顶角线、隔断、橱柜、玄关等
2.家具制作(衣橱、书架、电视柜、鞋箱等)

油漆工程阶段
1.墙面、顶面刮腻子
2.家具漆,地板、踢脚线(板)油漆
3.墙顶面粉刷乳胶漆

安装工程阶段
1.电器开关、插座面板安装,灯具、门锁、门铃安装
2.卫生洁具三件套及五金配件(水龙头、皂缸、毛巾架、纸盒、浴缸扶手、镜面玻璃)
3.油烟吸排器、热水器、排气扇(在橱柜安装前)

收尾阶段
1.施工过程中的分项工程验收
2.提供管线电路图
3.卫生清洁

验收阶段
1.公司工程部负责,复查水电及工程细节
2.客户签字验收

后期服务
1.后期配饰设计,拍照
2.建立项目工程档案,安排定期回访,询问情况

图 1-2-24　全过程服务流程

3.室内设计师的具体工作程序及注意事项(以居住空间设计为例)

室内设计师拥有一定的业务范围,其工作不仅是做出一个又一个设计方案,而且是通过做出的方案,与客户更好地沟通交流,根据房屋情况和实际需求,为客户解决问题,使设计更加合理化、舒适化、美观化。尤其是居室空间,一般属于客户最温馨和信任的环境,为客户生活所用,因此,要更顾及设计的细节处理和优化配置,为客户带来最满意的服务。一名比较专业的室内设计师,应当注意在业务流程和施工期间自己的具体工作程序和注意事项。

1)介绍情况

设计师要热情地为客户介绍公司的情况、自己的情况与资历、自己的设计特点、现在常用的流行风格以及自己对室内设计的观念等,还要提前制作自己的作品图册,以便向客户展示,增加对方的信心。设计师还可以为客户提供一些风格种类不同的效果图片,以便分析客户的喜好。客户咨询一些问题时,设计师要诚恳地进行回答,讲解得尽量详细些,不可以表现不耐烦的态度。如果有不确定的答案,设计师应请示其他相关人员或公司主管部门。

2)询问要求

当介绍完自己的情况后,设计师要认真地询问客户的基本情况和基础要求,记录客户的个人、家庭状况,对装修的要求,喜好,职业。如果客户携带了购房时的户型图或客户可以徒手绘制出自己想要设计的空间的户型,设计师可以先构思一下大体的设计思路。如果户型有相对不够协调的区域或位置,设计师可以提出一些解决方案供客户参考,这样会增加对方对自己的信任程度,也会不经意间表现出自己对于设计的熟练程度和经验。但是,设计师要尽量避免尚未成熟的设计思路,否则会适得其反,造成客户的反感。这就要求设计师平时多做功课,在别人与客户沟通时,多听取一些好的建议,以备不时之需。经验就是设计师最重要的法宝和武器。设计师应和客户约定测量房屋的时间、地点。

3)评估造价

评估造价一般是在看到户型图后,以公司常规算法,给一个约数。客户咨询的范围一定会涉及工程费用的问题,因此,每个公司都会有自己的收费标准,评估一个简易的计算方法,如在总建筑面积的基础上乘以 X (如 $X=600$),大约算出最后的费用,但这种算法往往误差较大,必须向客户说明这一点。另外,评估造价时,可能会分为几个级别,如低档装修的 $X=500$,中档装修的 $X=800$,高档装修的 $X=1200$ 等,级别是依照所使用的材料、工艺、造型、制作难度等衡量的。风格不同,造价差别也较大。此外,对于规模较小的公司和大型公司,家装收费规格有所区别:前者是在客户同意量房时,收取量房押金,一般为 $500\sim1000$ 元,但这些钱最终都会合并到工程款中,设计免费;对于后者,量房时不收取费用,而要按照面积收取设计费用,少则几百,多则几万。

4)测量现场

进入测量现场后,设计师要进入每个分隔空间巡视,现场绘制平面草图,用专业卷尺或简易红外线测绘仪进行房屋的测量。如果是居室空间,房屋面积较小,设计师在很短时间便可完成测量工作;如果是别墅空间或公共空间,设计师在测量时尽量选择仪器,因为对于很多较长的尺寸,卷尺没有办法一次性测出数值,完成起来有很大的难度,会浪费更多时间。测量完平面尺寸后,设计师应测量立面尺寸,在墙角位置测量房屋的高度,测量有承重梁的位置的梁下高度(为日后设计吊顶打基础),记录原有开关、插座的位置,记录原有上、下水位置,记录马桶位置(购买马桶时需要提供马桶中心口距墙的距离),记录煤气、天然气位置,检查防水是否完整,如图 1-2-25 所示。记录了全部尺寸和位置后,设计师应向客户询问要求,和客户探讨设计方案,记录客户的特殊要求,现场达成协议的解决方法,补充第一次遗漏的问题,如客户原有陈设、家具、收藏品等,需要在新的空间留出一定的位置摆放等。设计师应运用照相机、DV 拍摄毛坯房现场,以便提醒自己处理现场问题,为设计过程提供空间协助。设计师应与客户约定下次见面的时间。

图 1-2-25　马桶位置、暖气接口和台盆水路、卫生间铺地砖前试水

5)完成平面设计方案、制作报价表并与客户沟通

使用 CAD 软件绘制原始尺寸图,完成平面布置图和吊顶图,以便与客户交流。根据设计方案标注使用的材料,按照公司统一标价标准制作报价表。设计师也可先与客户讨论设计方案,待客户同意后,再制作报价表,具体情况由双方约定达成共识。按照实际操作状况,方案的讨论要经过反复的过程,因此,平面布置图等都会经过多次修改,才能最终确定。设计师为客户讲解设计方案时要尽量详细地说明设计思路、设计初衷、设计风格、预期达到的效果,对一些特殊问题进行处理后,要交代处理方法和理由。需要注意,不要盲目评估总造价,要先按照客户的心理价位,给予意见;讲解报价时,也要详细说明施工工艺、材料、工人费用等具体报价出处,使客户详细了解自己的钱花在什么地方。

6）绘制效果草图，为客户讲解

与客户沟通后，如果没有较大的分歧，设计师便可着手制作效果图。设计师一般不会亲自制图，公司通常会为设计师配备专业的制图员。效果图可以为客户提供最直观的设计成果。以居室设计为例，每个功能空间需要出一张效果图；如果空间较大，如起居室、餐厅等需要从不同角度出两到三张效果图。如果卧室和卫生间无太多设计成分，使用常规做法可不出效果图。为客户讲解效果图时，设计师应说明效果图的家具均为模型，与实际有一定误差，效果图是电脑制作的，与真实场景也会有所不同，希望客户做好心理准备，避免最终效果与效果图不符而产生纠纷。

7）完成各项施工图，按一定顺序和规范打印图纸并装订

效果图确定之后，设计师要补充完整所有施工图，以便交给工程部门进行施工。效果图也要进行打印，附在成套图纸中间。按照一定要求打印后，设计师应准备合同，约见客户进行签约。

8）签订合约

合同是规范双方权利、义务的有效手段，具有法律效力，因此签订合同的双方都要按照合同的规定履行要求。合同一般有统一的范本，填写内容也有统一要求，如首期付款日期、开工日期、竣工日期、中期款付款时间、付款方式、付款金额等都有具体规定。签订正式合同后，设计师应在三日内将合同交到质量经营部门审核，准备开工的一切事宜。签订合同时应当提供详细工艺质量说明，以备施工人员参考使用。工艺不明之处，设计师应请教工程部门解决，切勿忽略不理。

9）方案调整及现场服务

开工时，设计师应依照一定的规范，进现场与各方人士进行沟通，履行自己的指导职责，为施工提供有效的服务，以负责人的态度帮助客户监督设计的完成情况。设计师应按照施工流程，利用照相设备，记录工程进度，留下一定的现场资料备案。设计师要陪同客户进行材料、家具、陈设的选择，还要本着认真负责的态度，为客户提供专业的指导和服务，把每一个方案项目当作自己将要完成的设计作品去看待。现场制作和安装如图 1-2-26 和图 1-2-27 所示。

图 1-2-26　门与门套的制作，起居室墙面插座口弱电、强电位置，书房柜体现场制作

这些就是室内设计师需要具备的具体工作流程和在具体操作时的注意事项。当然，实际过程中会有很多变化和突发事件，设计师要随机应变地进行处理，有些需要利用自己的经验解决，有些可以请示相关人员进行指导。这是一个需要长期积累的过程，室内设计也是重视实践性的行业，做设计师并不难，要成为一名优秀的设计师，就需要多做方案、积累经验、总结不足、不断提高个人的综合素质，抓紧一切机会表现自己的才能，多参加一些国家、地方举办的比赛和展览，在见证行业发展的同时提高自己。如果能够在相关的比赛取得好的成绩，对于自己也是个鼓励和认可。

图 1-2-27　居室空间的工作室书柜、书桌台,欧式风格起居室墙面处理,固定衣柜及可透气活动柜门

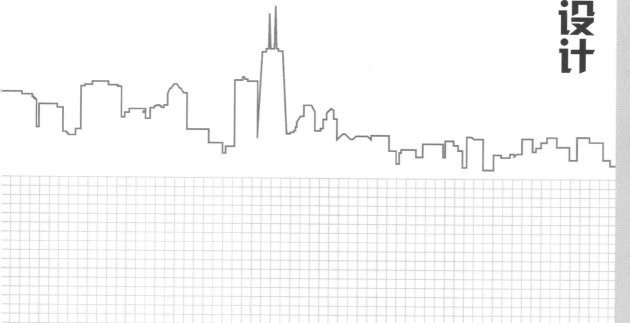

模块二

家居空间总平面布局组织设计

课题 1　空间组织

　　通过某家居空间室内总结构的认知及总平面布局设计图纸的讲解,结合本课题知识学习,让学生能够独立分析家居室内空间,绘制结构分析图和总平面布局图。

　　(1)掌握空间组织的基本知识点。
　　(2)根据不同的空间结构和功能选择不同的空间连接方式。
　　(3)在空间组织设计中正确运用人机工程学原理。

　　本课题通过空间组织形式和连接方式原理的学习,让学生能够依据空间功能重新组织空间,选择各空间的正确连接方式,同时运用人机工程学中的测量学知识和环境心理学知识正确地设计空间。

2.1.1　空间的组织

　　空间,对我们来说是个再熟悉不过的词语,如思维空间、虚拟空间、网络空间、交换空间……空间到底是什么呢?

　　从不同的角度来看,空间有着不同的含义。经典物理学认为,宇宙中物质实体之外的部分称为空间。相对物理学认为,宇宙物质实体运动发生的部分称为空间。航天术语中,外层空间简称空间、外空或太空。数学术语中,空间是指一种具有特殊性质及一些额外结构的集合。互联网中,空间指存放文件或者日志的地方。空间的哲学定义为能够包容(所有)事物及其现象的场所。

　　室内设计专业认为,空间是有长、宽、高三维度的事物。

　　1.空间是建筑的特征

　　观察图 2-1-1 和图 2-1-2,认真思考建筑和雕塑的区别。

　　建筑和雕塑的区别如下。

　　(1)雕塑的体积可大可小;建筑的体积一般比较大。

　　(2)雕塑作为艺术作品,给人精神上的享受;建筑不但具有雅俗共赏的艺术美感,同时具有可以满足人类居住、生活、工作等的需求的使用功能。

　　(3)雕塑的价值在于它的外在艺术性;建筑的最大价值则在于它的内部空间的使用性。内部空间是由外部造型围合出来的,人们使用的正是内部空间,所以空间是建筑的特征。

图 2-1-1 建筑

图 2-1-2 雕塑

2. 空间的分类

空间根据形态可以分为个体空间、复合空间和群体空间。

(1)个体空间也称为单体空间。个体空间按形状可分为矩形空间、球状空间、锥形空间、自由式空间。

(2)复合空间是由两个及以上空间穿插、组合而成的空间,具体形式包括串联空间和并联空间,如图 2-1-3 所示。

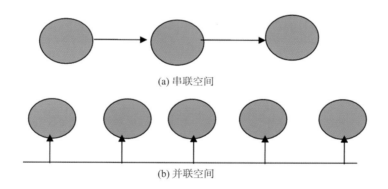

(a) 串联空间

(b) 并联空间

图 2-1-3 复合空间的基本形式

(3)群体空间是由多个单体建筑按照一定的形式美的法则组合而成的空间。群体空间多指室外广场、住宅区等。我国古代最恢宏的群体空间是紫禁城。

空间根据虚实形式及围合方式可以分为开放式空间、半开放式空间、闭合式空间。

(1)开放式空间是指没有传统达顶的墙壁、沉重的家具设施分隔的空间。开放式空间宽敞明亮,不具有私密性,生活在其中的人可以自由行动。开放式空间主要应用在人流大的公共空间。住宅空间中的起居室、餐厅,根据客户的要求、面积、结构可设计成开放式空间。

(2)半开放式空间既强调保证人在空间中的行动便利和视线开阔,也要强调人的私密性。在较小面积的住宅空间中,为了保证空间的多功能性,设计师常使用这种空间组织形式。

(3)闭合式空间是最传统的室内空间,强调人的私密性和独立性。这种空间给人较强的安全感、静谧感,在住宅空间里常常用于卧室、书房的设计。

室内空间根据构成划分,还可以分为以下类型。

图 2-1-4　根据水平界面标高
变化划分空间

（1）空间根据水平界面标高变化可分为下沉空间、地台空间、悬浮空间。

这类空间通常是在某个空间内通过地面的高差变化限定或创造出的另一个功能空间（见图 2-1-4）。值得注意的是，前两种空间是根根据房型结构、面积，为满足客户的功能需求设计的，一般在有老人和小孩的住宅空间里，为安全起见，不建议随意使用这类空间形式。悬浮空间一般用于大型影剧院、体育馆等大型公共空间。

地台空间与下沉空间可以说是同一个空间从不同角度的形容。木质地台可以在有限的儿童房中创造出一个儿童嬉戏玩耍的空间。

（2）空间根据垂直界面局部凹凸变化可分为凹入空间、外凸空间。

运用实质环境要素可创造结构空间，运用非实质环境要素可创造虚拟空间、迷幻空间，如图 2-1-5 和图 2-1-6 所示。

图 2-1-5　利用空间的建筑结构和家具的布置，在卧室里虚拟出书房的功能空间

图 2-1-6　运用夸张的造型和色彩，创造出让人产生迷幻效果的空间

运用空间体量大、小变化与组合可创造母子空间、共享空间，如图 2-1-7 和图 2-1-8 所示。

图 2-1-7　利用半高的隔断装饰墙在某空间中创造出几个小空间，强调人的领域性、私密性

图 2-1-8　人们在任意楼层走动，都能观赏、享受大厅的热闹

空间根据动静关系可以分为动态空间和静态空间。

2.1.2　空间的连接

1. 空间的连接方式

1）间接连接

在两个大空间插入一个较小的过渡空间，从而使两个空间的连接产生弹性，使人在行进于两个空间之中时有一个缓冲阶段,如图 2-1-9 所示。

图 2-1-9　过道成为起居室和其他空间之间的缓冲空间

2)直接连接

直接连接是指两个空间通过门窗洞口直接相连。

2. 室内空间的分隔

室内设计首先进行的是空间组合,这是室内设计的基础。各空间有一定的联系,也有各自的独立性,这主要是通过分隔的方式来体现的。

1)绝对分隔

绝对分隔是由承重墙、到顶的轻质隔墙分隔出界限明确、限定高度空间的分隔形式,具有隔声良好、视线完全阻断、温度稳定、私密性好、抗干扰性强、安静的优点,不足之处在于空间封闭,与周围环境的流动性差,如卧室。

2)局部分隔

用片段的面(屏风、翼墙、较高的家具、不到顶的隔墙等)来进行空间划分的分隔形式称为局部分隔。空间分隔效果不十分明确,被分隔空间界限不大分明,有流动的效果,如图 2-1-10 所示。

3)象征性分隔

用片段、低矮的面、家具、绿化、水体、悬垂物、色彩、材质、光线、高差、音响、气味等因素,柱杆、花格、构架、玻璃等通透隔断来分隔空间的分隔空间形式称为象征性分隔。象征性分隔的限定度很低、空间界面模糊,侧重心理效应,隔而不断,层次丰富,流动性强,强调意境及氛围的营造,如图 2-1-11 所示。

图 2-1-10　利用带有镂空效果的木质隔墙较好
地将起居室与餐厅进行分隔

图 2-1-11　几根绿竹便将门厅与其他空间分隔开

4)弹性分隔

弹性分隔是指利用拼装式、折叠式、升降式、直滑式等活动隔断和家具、陈设帘幕等分隔空间,如图 2-1-12 所示。

优点：灵活性好、操作简单。

图 2-1-12　利用轻质挂帘将睡觉和学习的空间分隔开

2.1.3　人机工程学在空间中的运用

室内设计的最终目的是创造良好的、符合人类生存活动的室内空间环境。人的环境行为是设计师在室内设计时必须考虑的重点之一。人的环境行为特征对室内空间创造、功能区域划分和陈设布置有指导性意义。

人和环境的交互作用表现为刺激和效应，效应必须满足人的需要，需要反映为人在刺激后的心理活动的外在表现和活动空间状态的推移，这就是人的环境行为。环境行为最重要的组成部分即外在表现的身体活动和内在心理活动，这也是人机工程学在室内空间设计中运用的重要部分。

1. 人体测量学与室内空间

在进行室内空间的组织和设计时，我们不得不考虑生活在其中的人的活动方式和人体的基本数据。人体的基本数据主要包括人体构造、人体尺度以及人体的动作域等数据。其中人体尺度和动作域为组织空间和家具设计提供了尺寸依据。这里，我们介绍一些常用的尺寸数据供初学者参考，如表 2-1-1 至表 2-1-3 所示。

男性肩宽平均值为 530 mm，坐姿臀宽为 356 mm。

女性肩宽平均值为 520 mm，坐姿臀宽为 363 mm。

单人通过最小宽度为 750 mm。

住宅空间一般通道宽为 1000～1500 mm。

起居室：电视柜高 300～450 mm，深 250～350 mm。

餐厅：餐桌高 750～790 mm；餐椅高 450～500 mm；二人圆桌直径为 500 mm，三人圆桌直径为 800 mm，四人圆桌直径为 900 mm，五人圆桌直径为 1100 mm，六人圆桌直径为 1100～1250 mm，八人圆桌直径为 1300 mm，十人圆桌直径为 1500 mm；二人方餐桌尺寸为 700 mm×850 mm，四人方餐桌尺寸为 1350 mm×850 mm，八人方餐桌尺寸为 2250 mm×850 mm；酒吧台高 900～1050 mm，宽 500 mm；酒吧凳高 600～750 mm；餐柜深 300 mm。

卧室：床长 2000 mm、2300 mm，高 350～450 mm；床背高 850～950 mm；单人床宽 900 mm、1050 mm、1200 mm；双人床宽 1500 mm、1800 mm、2000 mm；床头柜高 350～500 mm，宽 450～800 mm；衣柜高 2000～房顶高度；平开门式衣柜深 550 mm，推拉门式衣柜深 600 mm。

厨房：地柜高 700～750 mm ，深 520～530 mm；吊柜距离地面＞1600 mm，高 500～600 mm。

卫生间：浴缸长 1220 mm、1520 mm、1680 mm，宽 720 mm，高 450 mm；坐便器尺寸为 750 mm×350 mm；蹲便器宽 350～500 mm，长 750～900 mm；洗面台宽 600～800 mm，长 800 mm、1000 mm、1200 mm、1500 mm、1800 mm，高 750～900 mm；淋浴器高 2100 mm。

表 2-1-1　根据作业情况选定作业姿势表

作业姿势	作业情况		
	作业范围半径/mm	操纵力/N	操作活动
坐姿	350～500	＜50	受限制
坐、立交替	380～500	50～100	受一定限制
立姿	＞750	100～200	受限制不大

表 2-1-2　适宜坐姿的作业工作面高度

名称	男性	女性	男女共享	男性		女性	
				粗加工	精密工作	粗加工	精密工作
固定工作面高度/mm	850	800	850	779	850	725	800
坐平面高度调节范围/mm	500～600	450～600	500～650	500～575			
搁脚板高度调节范围/mm	0～250	0～300		0～175			

表 2-1-3　适宜立姿的工作面高度

确定工作面高度的基准	性别	工作面高度/mm		
		精密或轻负荷作业	一般或中等负荷作业	重负荷作业
以地面为基准	男性	950～1100	900～950	750～900
	女性	900～1050	850～900	700～850
以肘高为零线	不分性别	＋10～＋25	－15～＋5	－50～－25

2.环境心理学与室内空间

人们通过自己的行为使外界事物产生变化,而这些变化了的外界事物(形成的人工环境)又反过来对行为主体(人)产生影响,这个相互影响的过程伴随着一定的人的心理活动变化。前面我们学习到的各种空间形态又会给人带来怎样的心理变化呢?

1)室内个体空间的形态心理

①矩形空间:强调领域感、私密感、安全感,人的活动具有独立性和不被打扰。

②拱形和球形室内空间:有向上的升腾感,给人高大、苍穹的感觉。

③锥形空间:具有独特性、创造性,也会有一定的压抑感。

④自由式空间:不拘一格,具有新奇感,适合具有创造性的使用者。

2)复合空间的形态心理

①并联式室内空间的干扰少,隔绝性较强,有适度的联系,亲密性差,但自主性强,在公共建筑和住宅中广泛应用。

②串联式室内空间联系性强,既有亲切感,又有适度划分;既有空间秩序性,又使空间具有层次感。

3)群体空间的形态心理

①序列空间是指多个空间形成由低潮到高潮的线性序列,层次感强,精神也受到感染,并产生庄严、肃穆、隆重的感受。

②组合空间是指以某个空间为中心,按主次关系加以组合形成的空间形式。这种空间向心性强,主次分明,组合自由,平易而亲切。

4)空间的围透给人的心理感受

①开放空间:视域宽广,与自然联系性强,关系亲密;开朗、博大、奔放,但也产生空旷、孤寂、冷漠和不安全的感受;适用于郊外别墅,观景台等空间。

②半开放空间:有突破感的心理反应,局部的通透则是人与自然对话的场所,视线延展。

③闭合空间：封闭、局促、狭隘，甚至窒息的心理联想。

课题 2　空间的测量与设计

学习目标　通过对空间测量知识的讲解，以及带领学生现场测量住宅商品房，让学生能独立徒手绘制房屋结构图并测量房屋尺寸。

学习任务
(1)掌握住宅空间基本尺寸知识点。
(2)掌握测量的基本步骤和方法。
(3)徒手绘制房屋结构图并标注尺寸。
(4)根据居住空间的原始结构和客户的居住要求绘制结构气泡图。
(5)根据结构气泡图绘制总平面图。
(6)在设计构思阶段及总平面图陈述阶段，强化学生间的沟通，加强学生的表达设计思想和描述设计成果的能力。
(7)将徒手房屋测量图绘制成 CAD 结构图。

任务分析　房型图的徒手绘制是室内设计工作者的基本技能，是其后期设计成功的先决条件，在设计师与客户交谈沟通过程中、设计方案的确定过程中起到至关重要的作用。徒手绘制技能在设计师与客户初次见面时有重要的作用，是设计师顺利接单的主要因素之一。

2.2.1　核准现场是设计成功的先决条件

在承接室内设计项目时通常有两种情况：一是建筑框架墙体已基本完成，客户委托室内设计师介入设计工作；二是在建筑方案阶段，建筑师或客户邀请室内设计师早期介入，一起对即将开展的建设项目进行设计探讨。

第二种情况往往对设计构思创作的综合能力要求较高，一些具有预见性的建议会对建筑的结构应用以及设备协调有着非常重要的影响，能减少许多由建造环节不协调或不当造成的无效成本，它是建筑设计组合的最佳创作方式，能创作出相对完美的空间及细节，值得推广。不管图纸设计进行到哪个阶段，当建筑现场真正具备时，设计师仍需认真核对现场尺寸，检查图纸尺寸与建筑现场的误差，及时修正与现场不符的设计。

室内设计所实施的所有表面装饰工程质量的好坏都源于对建筑现有条件的了解和对隐蔽工程的合理处理，所有图纸必须充分考虑各种管线、梁、柱等因素，选用合理的工艺、材料进行包覆及整饰，能避免纸上谈兵式的无谓劳动。核准现场对以后所有以核对现场图纸为基础派生出来的设计图纸有着重要的保证和可实施性,是整个设计过程中的重要一环,不能掉以轻心,无疑是设计成功的先决条件。

2.2.2　量房的要点

1.度量现场之前应与业主进行初步沟通

度量现场之前,设计师应与业主沟通初步的设计意向,取得详细的建筑图纸资料(包括建筑平面图、建筑结构图、空调图、管道图、消防箱和喷淋分布图、上水图、下水图、强弱电总箱位置等)。设计师应了解业主的初步意向及对空间、景观取向的修改期望,包括墙体的移动、卫生间位置的改变、建筑门窗的改变等,记录并在现场度量工作中检查是否可行。

2.分析房型结构,为概念设计做好准备

接到设计任务后,设计师要熟读建筑图纸,了解空间建筑结构。

3.现场勘察,测量房型

1)准备工作

①设计师须跟随客户及本组其他成员,如设计师助理一起到现场。

②有条件的话可预先准备好图板和图板活动支架。

③复印好1∶100或1∶50的建筑框架平面图2张,一张记录地面情况,一张记录顶棚情况(小空间可在一张中完成),尽可能带上设备图(梁、管线、上水、下水图纸)。

④备硬卷尺、皮拉尺、铅笔、记号笔、橡皮、涂改液、数码相机、电子尺等相关工具。

⑤穿行动方便的运动服或耐磨的服装,穿硬底或厚底鞋(因为工地会有许多突发的情况,避免受伤)。

⑥进入现场前必须戴工地安全帽。

2)度量顺序及要点

①放线以柱中、墙中为准,测量梁柱、梯台结构落差与建筑标高的实际情况。通常室内空间所得尺寸为净空。

②测量现场的各空间总长、总宽,墙柱的长、宽,记录清楚现场尺寸与图纸的出入;记录现场墙工程误差(如墙体不垂直,墙角不成90度)。

③测量混凝土墙、柱的位置、尺寸。

④测量空间的净空及梁底高度、实际标高、梁宽尺寸等(以平水线为基准来测量,现场设有平水线则以预留地面批荡厚度后的实际尺寸为准来测量)。

⑤标注门窗的实际尺寸、高度、开合方式、边框结构及固定处理结构,记录户外景观的情况。

⑥记录雨水管、排水管、排污管、洗手间下沉池、管井、消防栓、收缩缝的位置及大小,尺寸以管中为准,要包覆的则以检修口外最大尺寸为准。

⑦地平面标高要记录现场实际情况并预计完成尺寸,地面、批荡完成的尺寸的最大值控制在50～80 mm。

⑧记录现场平水线以下的完成面尺寸,平水线以上的顶棚实际标高。

⑨记录中庭结构情况,消防卷闸位置,消防前室的位置,机房、控制设备房的实际情况。

⑩结构复杂地方测量要谨慎、精确,如水池要注意斜度、液面控制;中庭要收集各层的实际标高、螺旋梯的弧度、碰接位和楼梯转折位置的实际情况、采光棚的标高、采光棚基座的结构标高等。

⑪复检外墙门窗的开合方式,落地情况;记录幕墙结构的间距,框架形式、玻璃间隔,幕墙防火隔断的实际做法,外景的方向、采光等情况,在图纸上用文字描述采光、通风及景观情况。

⑫用红色笔标出管道、管井的具体位置;用绿色笔标注最有效的包覆的尺寸、符号、尺寸线,用红色笔描画出结构出入的部分,用黑色笔、铅笔进行文字、标高记录。现场量房图如图2-2-1所示。

3)提交现场测量成果的要求

①要求完整、清晰地标注各部位的情况。

②尺寸标注要符合制图原则,标注尽量整齐、明晰,图例要符合规范。

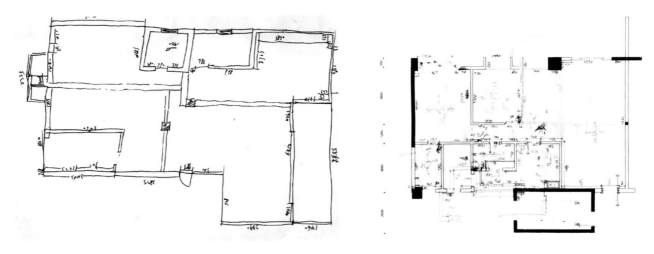

图 2-2-1 现场量房图

③梁高 $h = 1850$ mm 或在附加立面标注相对标高。

④要有方向坐标指示;外景要有简约的文字说明,尤其是大厅景观、卧室景观、卫生间景观。

⑤顶棚要有梁、设备的准确尺寸、标高、位置。

⑥图纸须由全部到场的设计人员复核后签署,并请委托方随同工程部人员签署,证明测量图与现场无误。

⑦现场测量图应作为设计成果的重要组成部分(复印件)附加在完整图纸内,以备核查。

⑧现场测量图原稿应始终保留在项目文件夹中,以备查验,不得遗失或损毁。

⑨工地原始结构的变更亦应绘制上述测量图存档更新,并与原测量图对照使用。

⑩测量好的现场数据是以后设计扩初的重要依据,到场人员应以务实、仔细的态度完成上述工作,并对该图纸的真实性、确切性负责。

根据现场量房图绘制的 CAD 结构图如图 2-2-2 所示。

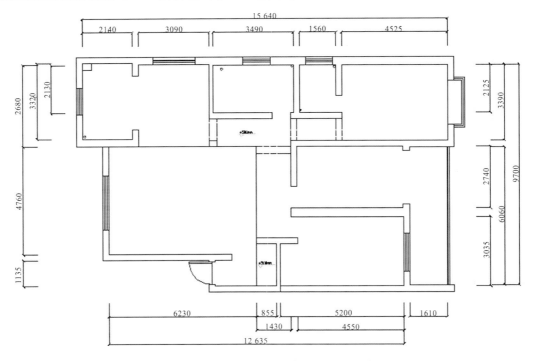

图 2-2-2 根据现场量房图绘制的 CAD 结构图

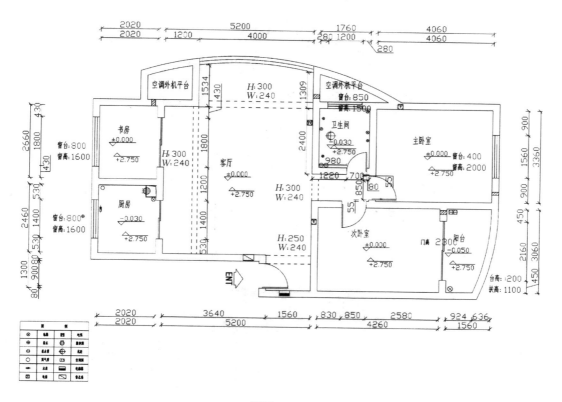

续图 2-2-2

2.2.3　总平面图的构思设计

住宅空间不是一件静态的艺术作品,看几眼、称赞一番就行了,它是一个生活的场所,处于永恒变化中,与住在里面的人发生相互作用。不论是最初住宅空间的地段、户型的选择,还是居住多年后,人们的改建塑造,对居住其内的人们都有很大的影响。好的室内设计有助于人的身心健康以及生活品质的提高,与其说室内设计是对室内空间的设计,不如说室内设计是对人们生活方式的设计。

住宅空间室内设计很大程度上取决于用户的家庭成员结构和具体空间组成。一般来说,住宅空间无论面积大小和户型有何不同,都由起居室、餐厅、卧室、厨房和卫生间等主要空间组成,如图 2-2-3 所示。面积较大的户型可以另设门厅、书房、景观阳台、储藏室等。

随着现代科技和人们生活水平的不断发展提高,各种新材料、新技术和新设备必然进入现代居室。由于设计理念的不断深化,住宅的空间组成也在不断变化,目前主要有三种趋势:第一种趋势是空间不断丰富,分区更加明确,也就是在解决生理分室的基础上,进一步细化了功能分区;第二种趋势是空间设计的多功能,这里需要说明,它绝不是因为空间太小不得已而为之的做法,恰恰相反,它体现的是一种积极主动的、很有价值观的思路;第三种趋势是设计可变动空间,这是设计师以一种动态的、可持续发展的理念来审视设计思路,以适应用户家庭的人口、空间结构和空间功能的变化。

在介绍住宅空间分区之前,我们有必要明确住宅空间室内设计的要求:第一,安全性和私密性是住宅空间室内设计的前提;第二,室内功能分区要满足使用者的要求,注意各区域和活动的关系;第三,注重陈设的作用而适当淡化界面的装修,还要注重厨房和卫生间的设计与装修;第四,总体设计的风格要通盘考虑,这种通盘的考虑并不是要求所有的空间都必须保持同一种风格,不同功能的空间的具体设计可以有一定的变化,但必须是在设计主线明确的前提下,考虑色彩、材料、家具陈设的造型和主题风格的协调。

1.住宅空间室内设计主流风格

我国的室内设计行业从二十世纪七八十年代开始发展到现在,设计风格也由以往的单一、幼稚发展到

图 2-2-3　住宅空间功能组成

如今的丰富、成熟。目前社会上主流的设计风格有如下七种。

1）新中式风格

每一种装修风格都有其特定的文化背景作为支撑，新中式风格（见图 2-2-4）体现了中式元素与现代材质的巧妙兼柔，以此来传递特定文化氛围中人们的生活追求，营造的是极富中国浪漫情调的生活空间。红木、青花瓷、紫砂茶壶以及一些红木工艺品等都体现了浓郁的东方之美。这种极简主义的风格渗透了华夏几千年的文明，因此不管是中国人还是外国人都非常喜欢这种新中式装修风格，它不仅永不过时，而且时间越久越散发出迷人的东方魅力。

新中式风格非常讲究空间的层次感，尤其是在面积较小的住宅中，往往可以达到"移步就变景"的装饰效果。在需要隔绝视线的地方，新中式风格使用中式的屏风或窗棂、中式木门、工艺隔断、简约化的中式"博古架"，通过这种新的分隔方式，展现中式家居的层次之美。新中式风格以一些简约的造型为基础，添加了中式元素，使整体空间感觉更加丰富，大而不空、厚而不重，有格调又不显压抑。

2）现代风格

现代风格（见图 2-2-5）即现代主义风格，可以称为现代简约风格。现代主义也称功能主义，是工业社会的产物，起源于 1919 年包豪斯学派，提倡突破传统，创造革新，重视功能和空间组织，注重发挥结构构成本身的形式美，造型简洁，反对多余装饰，崇尚合理的构成工艺；尊重材料的特性，讲究材料自身的质地和色彩的配置效果；强调设计与工业生产的联系。

图 2-2-4　新中式风格

图 2-2-5　现代风格

3）欧式风格

欧式风格(见图 2-2-6)泛指欧洲特有的风格,一般用在建筑及室内设计行业。欧式风格是具有欧洲传统艺术文化特色的风格。欧式风格的居室不只是豪华大气,更多的是惬意和浪漫。欧式风格通过完美的曲线、精益求精的细节处理,带给人无尽的舒适感。实质上,和谐是欧式风格的最高境界。

欧式风格的装饰元素包括罗马柱、阴角线、挂镜线、腰线、壁炉、拱形或尖肋拱顶、拱及拱券、顶部灯盘、壁画等。同时,欧式风格对房子的面积有一定要求。欧式风格适合大面积的户型,如果户型面积太小,不但无法体现其恢宏的气势,反而会对生活在其中的人造成压迫感。

4）新古典风格

新古典风格(见图 2-2-7)其实是经过改良的古典风格。欧洲文化丰富的艺术底蕴,开放、创新的设计思想及其尊贵的姿容,一直以来颇受众人喜爱与追求。新古典风格从简单到繁杂、从整体到局部,精雕细琢,镶花刻金,给人一丝不苟的印象。新古典风格一方面保留了材质、色彩的大致风格,使人可以很强烈地感受历史痕迹与浑厚的文化底蕴,另一方面摒弃了过于复杂的肌理和装饰,简化了线条。

图 2-2-6　欧式风格

图 2-2-7　新古典风格

①"形散神聚"是新古典风格的主要特点。新古典风格在注重装饰效果的同时,用现代的手法和材质还原古典气质,具备古典与现代的双重审美效果,可以让人在享受物质文明的同时得到精神上的慰藉。

②讲求风格,在造型设计时不是仿古,也不是复古,而是追求神似。

③用简化的手法、现代的材料和加工技术去追求传统式样的大致轮廓特点。

④注重装饰效果,用室内陈设品来增强历史文脉特色,往往会照搬古典设施、家具及陈设品来烘托室内环境气氛。

⑤白色、金色、黄色、暗红色是新古典风格中常见的主色调。

5）混搭风格

"混搭"一词源于时装界,本意为把风格、质地、色彩差异很大的衣服搭配在一起穿。混搭打破了过去单一且纯粹的着装风格,使着装者百变且神秘。"混搭"风是如何吹入家居设计界的,也许没人能说得清楚。

家居"混搭"的兴盛,可以归结于人们对美的"贪婪"。完美主义者在任何一种风格里都会看到缺点,所以他们干脆自己创造一种风格,只有在唯美的地方才会让他们感到真正的舒服。于是,他们没有把某一种风格作为家居的主角,而是让它们在各个角落里暗自升华,有轻有重,有主有次,不同的元素不会互相冲突,甚至破坏空间的整体感。混搭风格(见图 2-2-8 和图 2-2-9)看似漫不经心,实则出奇制胜,真正体现设计者的审美情趣和品位。家居"混搭"最能在这个个性凸显的时代,更恰当、更充分地反映一个人的个性和爱好,因此它越来越受到设计师的青睐。

一套住房里既有造型独特的西式沙发,又有线条古典的明清座椅;既有有 16 盏灯泡的仿古水晶灯,又有景德镇的青花瓷瓶。镶着金黄饰边的欧式梳妆台,台面却刻有中式复古的花鸟图案,但看起来又是那么的协调与和谐。正如那些历史久远的老公寓,在经过了必要的现代装修之后,新与旧、现代与古典交融之后产生的复杂而低调的美感,是无与伦比的。但是混搭不代表乱搭一气,它需要注意以下几点。

图 2-2-8　中西混搭风格　　　　　　　　　图 2-2-9　田园、休闲混搭风格

①忌主调不明。一个家里要呈现出什么样的风格一定要统一,不能起居室是欧式古典,卧室却变成中国清代的繁复风格,洗手间又采用地中海风格的装修,超过三种以上的风格调和在一起对整体和谐是一大挑战,更何况一些风格本身就是不相容的。

②忌色彩太多。混搭的家里一般都比较繁复,东西比较多,家具配饰也少有简洁的样式,在色彩的选择上就更要小心,免得整体显乱。在考虑整体风格的时候要定下一两个基本色,然后在这个基础上添加同色系的家具,配饰则可以选择柔和的对比色以提升亮度,也可以选择中间色显示内敛。

③忌配饰太杂。配饰在混搭中的使用更要遵循精当的原则。多,未必累赘;少,未必得当。虽然整体面积不是很大,材质色彩也需要拟定1～2种色彩、质地和花纹,比如使用壁纸,那么窗帘、沙发、床品都需要考虑搭配。除非用来专门展示,否则摆件还是和主色调配合比较保险。

6)乡村田园风格

乡村田园风格(见图 2-2-10 和图 2-2-11)倡导"回归自然",在美学上推崇"自然美",认为只有崇尚自然、结合自然,才能在当今高科技、快节奏的社会生活中获取生理和心理的平衡。因此,乡村田园风格力求表现悠闲、舒畅、自然的田园生活情趣。在乡村田园风格里,粗糙和破损是允许的,因为只有那样才更接近自然。乡村田园风格的用料崇尚自然,如砖、陶、木、石、藤、竹等,越自然越好。在织物质地的选择上多采用棉、麻等天然制品,其质感正好与乡村田园风格不饰雕琢的追求相契合,有时也在墙面挂一幅毛织壁挂,表现的主题多为乡村风景。不可遗漏的是,乡村田园风格的居室还要通过绿化把居住空间变为"绿色空间",如结合家具、陈设等布置绿化,或者做重点装饰与边角装饰,还可沿窗布置,使植物融于居室,创造出自然、简朴、高雅的氛围。此时,邀三五好友,对月品茗,真有一番世外桃源的感觉。

乡村田园风格有很多种,有英式田园风格、美式田园风格、法式田园风格、中式田园风格、南亚田园风格等。

(1)英式田园风格。

英式田园家具多以奶白、象牙白等白色为主,用高档的桦木、楸木等做框架,配以高档的环保中纤板做内板,优雅的造型、细致的线条和高档油漆处理都使得每一件产品含蓄、温婉、内敛而不张扬,散发着从容淡雅的生活气息,又宛若姑娘十八清纯脱俗的气质,无不让人心潮澎湃,浮想联翩。

图 2-2-10　英式田园风格

图 2-2-11　美式田园风格

（2）美式田园风格。

美式田园风格又称为美式乡村风格，属于自然风格的一支，倡导"回归自然"，在室内环境中力求表现悠闲、舒畅、自然的田园生活情趣，也常运用天然木、石、藤、竹等材质。美式田园风格巧于设置室内绿化，创造自然、简朴、高雅的氛围。

美式田园风格作为乡村田园风格中的典型代表，因其自然朴实又不失高雅的气质倍受人们推崇。在材料选择上，美式田园风格多倾向于较硬、光挺、华丽的材质。餐厅基本上都与厨房相连，厨房的面积较大，操作方便、功能强大。在与餐厅相对的厨房的另一侧，一般都有一个不太大的便餐区，厨房的多功能还体现在家庭内部的人际交流多在这里进行，这两个区域会同起居室连成一个大区域，成为家庭生活的重心。

（3）法式田园风格。

法式田园风格的最明显的特征是家具的洗白处理及配色上的大胆鲜艳。洗白处理使家具流露出古典家具的隽永质感，黄色、红色、蓝色的色彩搭配则反映丰沃、富足的大地景象。椅脚被简化的卷曲弧线及精美的纹饰也是优雅生活的体现。

欧式田园风格，设计上讲求心灵的自然回归感，给人一种扑面而来的浓郁气息。把一些精细的后期配饰融入设计风格之中，充分体现设计师和业主所追求的一种安逸、舒适的生活氛围。这个起居室大量使用碎花图案的各种布艺和挂饰，欧式家具华丽的轮廓与精美的吊灯相得益彰。墙壁上也并不空寂，壁画和装饰的花瓶都使它增色不少。鲜花和绿色的植物也是很好的点缀。

（4）中式田园风格。

中式田园风格的基调是丰收的金黄色，尽可能选用木、石、藤、竹、织物等天然材料。软装饰上常有藤制品，有绿色盆栽、瓷器、陶器等摆设。

（5）南亚田园风格。

南亚田园风格的家具风格显得粗犷，但平和且容易接近；材质多为柚木，光亮感强，也有椰壳、藤等材质的家具；做旧工艺多，并喜做雕花；色调以咖啡色为主。

7）地中海风格

文艺复兴前的西欧，家具艺术经过浩劫与长时期的萧条后，在 9 至 11 世纪重新兴起，并形成自己独特的风格——地中海式风格。地中海风格（见图 2-2-12 和图 2-2-13）的家具以其极具亲和力的田园风情、柔和的色调和组合搭配上的大气很快被地中海以外的大区域人群接受。

地中海风格的美，包括"海"与"天"明亮的色彩、仿佛被水冲刷过后的白墙、薰衣草、玫瑰、茉莉的香气、路旁奔放的成片花田、历史悠久的古建筑、土黄色与红褐色交织而成的强烈民族色彩。地中海风格的基础是明亮、大胆、色彩丰富、简单、民族性、有明显特色。重现地中海风格不需要太大的技巧，而是保持简单的理念，捕捉光线、取材大自然，大胆而自由的运用色彩、样式。

在组合设计上，地中海风格注意空间搭配，充分利用每一寸空间，不显局促、不失大气，解放了开放式自由空间；集装饰与应用于一体，在柜门等组合搭配上避免琐碎，显得大方、自然，让人时时感受到地中海风格家具散发出的古老、尊贵的田园气息和文化品位。地中海风格特有的罗马柱般的装饰线简洁明快,流露出古老的文明气息。

图 2-2-12　地中海风格 1

图 2-2-13　地中海风格 2

2.分析住宅空间的功能分区

住宅空间一般多为单层、别墅(双层或是三层)、公寓(双层或是错层)的空间结构。住宅空间室内设计就是根据不同的功能需求,采用众多的手法进行空间的再创造,使居室内部环境具有科学性、实用性、审美性,在视觉效果、比例尺度、层次美感、虚实关系、个性特征方面达到完美的结合,使业主在生理及心理上获得团聚、舒适、温馨、和睦的感受。现在,我们基于人的活动特征对住宅空间的功能分区进行分析。

1)起居室

起居室(见图 2-2-14)俗称客厅,是浏览报纸、社交聚会的场所,是个用美观、大方的家具和装饰品来诠释时尚的地方。它在家庭生活中起着举足轻重的作用,是设计的重中之重。起居室的设计强调空间布置得敞亮大气,能够接纳足够的家庭成员和朋友,有一体化的影像设备、舒适的沙发、轻巧的隔断和富有情趣的装饰品,映衬出主人对生活的诠释。

图 2-2-14　起居室

(1)起居室的风格与特征。

起居室的风格与特征应以客户的意愿为依据,设计师的作用就是将使用者的这种意愿进行提炼,转化为现实。不论是中式、西式还是现代风格中的哪一种,都必须有正确的时空观,而绝不是生搬硬套的照抄某些传统元素。室内设计是生活方式的设计,任何一户的风格都不能完全相同,它总会附带生活在其中的主人的气息。

（2）起居室的空间形状和平面功能布局。

起居室的空间形状主要由建筑设计的空间组织、空间形体的结构构件等因素决定，设计师可以根据功能上的要求通过界面的处理和家具的摆放来进行改变。起居室是家庭的多功能场所，是一家人在非睡眠状态下的活动中心点，也是室内交通流线中与其他空间相联系的枢纽，家具的摆放方式影响到房间内的活动路线，如图 2-2-15 所示。

（3）起居室的装饰材料选择。

起居室的地面可用石材、陶瓷地砖、木地板或地毯铺设（仅铺设在沙发组合区域）；墙面可用乳胶漆、艺术墙纸、石膏板、木饰面板等进行装饰，可以搭配使用部分石材、玻璃或织物作为点缀。

起居室最重要的墙面便是电视背景墙，它是视觉的焦点。对于电视背景墙的具体设计、构造，我们会在模块三中具体讲解。

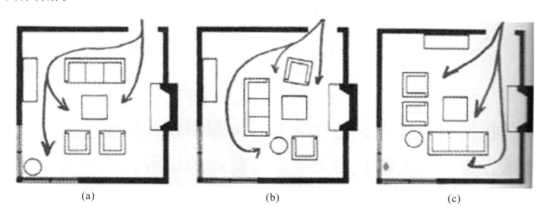

图 2-2-15　起居室的家具布置和交通流线

2）餐厅

餐厅作为群体生活区，主要功能体现于用餐、和家庭成员间的交流。随着信息化社会的到来，现代都市生活节奏加快，人们忙碌奔波在上下班的车水马龙之间，工作的压力骤增，一家人团聚的时间可能也只有晚餐时间了。一份可口的饭菜可以使家庭的温馨在餐桌上体现得淋漓尽致。如果有亲朋到来，餐厅也是向朋友展示主人好客、诉说主人家庭幸福的最好的场所。因此，餐厅的设计要多使用橙色、红色等给人带来食欲的颜色，更要注重空间温馨的氛围营造。

餐厅的开放程度在很大程度上是由住宅的面积和客户家庭的生活方式决定的。重要的一点是，餐厅要尽可能靠近厨房，餐边柜的作用更多是作为装饰营造气氛和空间隔断。餐厅依据空间结构与其他空间的关系主要有四种形式。

（1）独立式餐厅。

独立式餐厅如图 2-2-16 和图 2-2-17 所示。

（2）餐厅＋起居室。

这种形式是指餐厅与起居室共存一个较大的空间，使得视觉和活动的空间增加；也可在两者中间设置屏风、活动门。餐厅＋起居室如图 2-2-18 所示。

（3）餐厅＋厨房。

在现代 E 时代的社会里，越来越多的公寓式小家庭或单身贵族采用这种看起来时髦、新鲜的方式，既能精简室内空间，又别具一番情趣，如图 2-2-19 所示。

（4）餐厅＋起居室＋厨房。

这更是高节奏都市生活的产物，小型的居住空间，家庭成员的简单化、烹饪设备和餐饮习惯的改变，使以前脏乱的厨房和居室中最体面的起居室、餐厅合并在同一空间成为现实。

图 2-2-16 独立式餐厅 1

图 2-2-17 独立式餐厅 2

图 2-2-18 餐厅 + 起居室

图 2-2-19 餐厅 + 厨房

3）卧室

早在孩提时代,我们就一直梦想什么时候拥有一个属于自己的房间——一个远离喧嚣、远离各种命令的小天地。长大之后,我们有时会与亲密的人共享这一空间,但卧室仍旧是一个绝对私密、安静、彻底放松自己的个人领地。

（1）主卧室。

作为私密生活区,主卧室的主要功能体现为给劳碌一天的主人一整晚舒适的睡眠。这里有温情的灯光、悠扬的古典名曲、松软的床被伴随主人进入梦乡。如果空间足够,女主人也可以根据自己的喜好放置梳妆台,以便清晨悉心装扮。

床是卧室内最主要的家具,也是卧室的中心,床的安放位置的选择是卧室设计的第一考虑要素,其他家具都必须围绕床这一中心来安排。床的位置和整个卧室的流线有密切的联系,影响床的位置的最主要因素是窗的位置,因为光线直接影响人的睡眠质量。

现在大部分主卧室都带有专用卫生间,设计时尽可能在卫生间和床之间安排一个过渡空间,这不仅使卫生间与卧室之间有一个必要的过渡,也符合人们的生活习惯。

主卧室如图 2-2-20 至图 2-2-22 所示。

（2）儿童房。

有孩子的年轻父母的最大愿望莫过于给自己的孩子创造一个属于他们的小天地。孩子可以在这里开心地玩耍,父母可以和孩子打成一片。儿童房设计的最重要的特点是有充满童趣的造型和亮丽的色彩,给孩子一个充满想象的空间。

一个孩子也可以拥有上下床,满足攀爬的需求(见图 2-2-23);南瓜车样式的床可以圆小女孩一个美丽的童话梦想(见图 2-2-24)。

儿童房的功能大体为睡觉、学习、游戏三个部分,如图 2-2-25 和图 2-2-26 所示。主要家具为床、书桌、衣

图 2-2-20 主卧室 1

图 2-2-21 主卧室 2

图 2-2-22 主卧室 3

柜和玩具柜。根据年龄段，家长们要尽可能选择趣味性和功能性强的家具以及无尖锐棱角的弧线家具。

入学后的子女随着年龄的增长，他们的房间则需要随着更改。能够有一处自己独立看书、写作业的空间是儿童房的需求。床的样式和房间饰物则由儿时的趣味性、复杂性转变成简练的线条和个性化的搭配。

图 2-2-23　上下床儿童房

图 2-2-24　南瓜车儿童房

图 2-2-25　儿童房 1

图 2-2-26　儿童房 2

（3）客房。

和长辈一起生活的主人，可以将客房用作长辈房。长辈房可选择距卫生间较近的客房，设计上着重功能的实用性，家具的布置尽可能简洁，使空间宽敞，方便长辈的生活起居，如图 2-2-27 和图 2-2-28 所示。

4）厨房

厨房是住宅空间的动力车间，大部分的家务劳动都是在这里进行。家庭成员几乎每天都使用厨房。同时，厨房也是电气设备最集中的地方。要充分发挥厨房的功能，在设计上要考虑以下几个方面。

（1）厨房空间布局形式的选择。

厨房的空间布局形式一般分为封闭式和开放式两种。封闭式的优点是其独立的空间，便于清洁，尤其是中国式烹饪中产生的油烟不会影响其他空间。开放式的优点是形式活泼生动，有利于空间的节约和共享，适合以煎烤为主的简易烹饪作业。

（2）厨房的作业流程。

传统厨房的主要作用有三个：食物的储藏、食物的清理、食物的准备和烹饪。要使这一系列工作顺利方便地进行和完成,我们需要结合厨房的具体结构进行工作流程的分析:首先,我们将买回来的食物进行分类,将本次需要食用的食物放置在洗菜池边,将另一部分储藏在冰箱里或其他地方;其次,我们将摘好的食物进行清洗,并在操作台上将食物准备好;最后,我们将食物放在锅炉里进行烹炒。

常用的厨房平面布置为"一"字形、L 形、U 形、中央岛型,如图 2-2-29 和图 2-2-30 所示。

图 2-2-27 客房 1

图 2-2-28 客房 2

图 2-2-29 L 形厨房

图 2-2-30 中央岛型厨房

（3）设备选择。

厨房的主要设备是台面和橱柜,它们的好坏不仅关系到使用是否方便,也关系到厨房的格调与特色。橱柜的设计应该充分考虑主人对色彩、质感的需求。色彩亮丽的水晶面板、烤漆面板增加了烹饪的轻松和趣味。

（4）装饰材料的选择。

厨房的墙面应采用光洁的釉面砖;地面要采用防滑的地面砖,要耐酸碱、利于清洗。

5）卫生间

伴随着人们对高品质生活的追求,卫生间不再是人们为了生理需求而不得不去的地方,它越来越受到室内设计师和客户的重视。在这个空间里,人们的身心可以得到全面放松。一个热水澡便可以洗去人们一身的疲劳。

住宅的卫浴也分为公用和专用。公用卫生间与走道相连,由家庭成员和客人共用;专用卫生间一般从属于主卧室,为男、女主人服务。卫生间内主要的卫生器具包括面盆、便器、浴缸或淋浴器。为了方便使用,设计师常常将卫生间进行"干湿"分区,将洗面台等具有梳妆功能的器具与洗浴房分开设置,中间用隔断分隔。便器的位置要根据卫生间的面积大小来决定。如果卫生间太小且是公用卫生间,可将蹲便器与淋浴房设置在一起;如果卫生间面积足够,则可将坐便器与洗面台设置在同一个区域。

卫生间如图 2-2-31 和图 2-2-32 所示。

图 2-2-31　卫生间 1　　　　　　　　　　　　图 2-2-32　卫生间 2

6）书房

这是一个静谧的地方，主人可以在这里随心所欲地把玩自己的收藏品，或是发展自己的爱好，画一幅意境深远的水彩，写一首小诗或是一篇心得随笔，都是很畅快的事情。

书房的设计要注重主人的个人喜好、职业特点。书柜和写字台的样式设计与布置是书房设计的中心，可根据书房空间的大小设计成独立式家具、组合式家具或是连体式家具，如图 2-2-33 和图 2-2-34 所示。同时，设计师应充分利用空间的采光效果布置写字台，满足主人阅读、书写的要求。对有设计工作职业或绘图要求的主人，设计师可以安排落地灯和壁灯，为书房营造工作室环境。

图 2-2-33　书房 1　　　　　　　　　　　　图 2-2-34　书房 2

7）门厅、过道、楼梯

真正能够营造空间整体格调的是空间的入口、过道和空间里的楼梯，而不是人们使尽解数倾力修饰的起居室。造访一处住宅的第一印象就是从入口到过道处的布置情况。从这里，你可以大抵推断出房间的整体装修风格，还能看出主人的审美水平、兴趣、爱好等。

这些空间往往狭窄、拐角众多而且形状不规则，因此这些细节空间的装饰设计显得尤为重要。

门厅作为住宅的出入口,除了给造访者留下深刻的第一印象外,更重要的是具有换鞋、存放雨具、背包杂物和进行简单的梳妆等实用功能,同时它具有有效指引和控制人们出入住宅的途径,是室内与室外主要的过渡空间。

设计师根据门厅具体的空间大小可设置独特造型的鞋柜或屏风隔断,让人不能直接看到住宅的主空间。门厅的照明灯具应既有安全感,又能营造气氛,也可以结合一些有趣的装饰。灯具不需要太耀眼,柔和的灯光更能符合空间的功能定位。门厅如图 2-2-35 至图 2-2-38 所示。

图 2-2-35　门厅 1

图 2-2-36　门厅 2

图 2-2-37　门厅 3

图 2-2-38　门厅 4

水平空间的通道,即过道往往不被人重视。它可以完善室内空间的联系,使空间功能的过渡更加自然流畅,如图 2-2-39 至图 2-2-41 所示。

楼梯是联系上下空间的必要途径,在别墅和复式结构住宅中,对楼梯结构形式的处理关系到总体空间的视觉平衡和与之联系空间功能作用的发挥。楼梯是住宅中主要的立体空间,呈现住宅立体结构之美——从上到下延伸视觉的高度,由上而下扩展鸟瞰的视野。一些具有弧线曲度的楼梯,人们由上飘然而下,或是由下漫步而上,行动之间的动态为沉静的住宅环境带来特殊的动感之美,如图 2-2-42 所示。

图 2-2-39　简洁的过道将起居室、餐厅和其他房间自然地组合成完整体

图 2-2-40　过道的照片墙面增加了岁月的记忆

图 2-2-41　过道的吊顶造型、色彩、材料与地面
色彩、室内整体风格浑然一体

图 2-2-42　具有弧线曲度的楼梯

旋转楼梯的轻盈和曲度给人带来乐曲节奏般的享受。

除了美观以外,有效利用楼梯下方的空间是楼梯设计和处理最出彩的地方,是设计师运用专业知识和智慧的高度体现,如图 2-2-43 至图 2-2-45 所示。

图 2-2-43 利用楼梯下方的空间 1

设计师可以在楼梯下方安置装饰柜或者将电视背景墙与楼梯融为一体。

图 2-2-44 利用楼梯下方的空间 2

设计师也可以利用楼梯的造型做一个实用的固定柜体,放置书籍、工艺品或衣物。

图 2-2-45 利用楼梯下方的空间 3

设计师还可以在楼梯下方利用植物设计一个意境深远的室内景观。

在住宅空间中,原则上除了上下空间结构不得不安装楼梯外,同一平层的空间在设计时应该去掉不必要的台阶。对行动不便的人来说,所有的高度差都是障碍。

(1)楼梯的坡度。

楼梯坡度的确定,应考虑行走舒适、攀登效率和空间状态因素。梯段各级踏步前缘各点的连线称为坡度线。坡度线与水平面的夹角即为楼梯的坡度(夹角的正切称为楼梯的梯度,即 h 与 b 的比)。

楼梯常见坡度为 20°～45°,即 1/2.75～1/1,其中 30° 为最佳坡度。一般民用楼梯的宽度,单人通行的不小于 80 cm,如图 2-2-46 至图 2-2-48 所示。

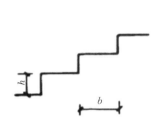

图 2-2-46　楼梯梯段的组成
h—踏步踢面高度;b—踏步
踏面宽度

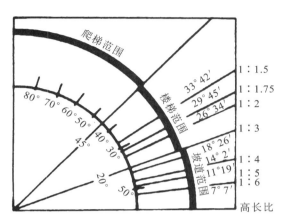

图 2-2-47　楼梯、坡道、爬坡的坡度范围

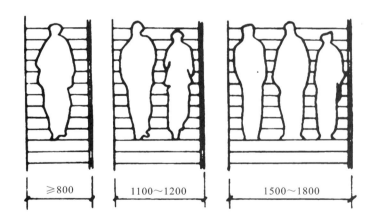

图 2-2-48　楼梯段宽度和人流股数的关系

(2)楼梯踏步尺寸。

楼梯梯段由若干踏步组成,每个踏步由踏面和踢面组成。踏步尺寸:$h=150～180$ mm,$b=230～260$ mm。当踏步尺寸较小时,设计师可以采取加做踏口或使踢面倾斜的方式加宽踏面,如图 2-2-49 所示。

(3)楼梯和平台扶手的设计。

一般室内扶手高度为 900 mm,托幼建筑中,扶手高度一般为 600 mm,设扶手。顶层平台的水平安全栏杆的扶手高度一般不宜小于 1050 mm,栏杆之间的水平距离不应大于 120 mm。室外楼梯扶手高度不小于 1050 mm。楼梯平台宽度大于或等于楼梯段的宽度。栏杆扶手高度如图 2-2-50 所示。

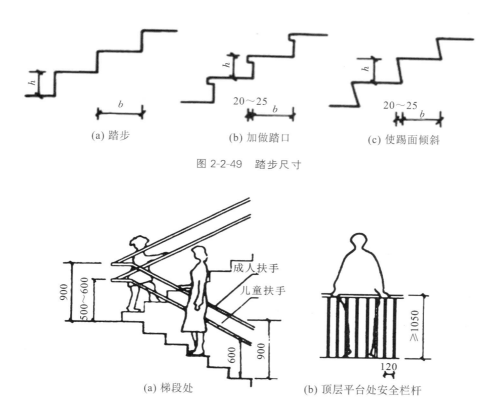

(a) 踏步　　　　　　(b) 加做踏口　　　　　(c) 使踢面倾斜

图 2-2-49　踏步尺寸

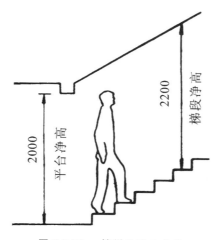

(a) 梯段处　　　　　(b) 顶层平台处安全栏杆

图 2-2-50　栏杆扶手高度

（4）楼梯的净空高度。

楼梯的净空高度包括在楼梯段处的净高和在平台过道处的净高,在平台过道处应大于 2 m,在楼梯段处应大于 2.2 m,如图 2-2-51 所示。

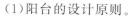

图 2-2-51　楼梯的净空高度

8）阳台

阳台是建筑物对外交流的"眼睛"。人们通过精心设计阳台,不仅能欣赏到优美的都市风光,而且能领略到室外空间的自然温馨。同时,阳台也为城市增添艳丽的色彩。

（1）阳台的设计原则。

①实用性原则:当阳台较小时,重视阳台远眺、晾晒的主要功能,切忌过分追求装饰表现,破坏阳台开阔的视野。

②安全性原则：阳台的防风、防水是值得重视的问题。阳台的窗的安装要注意牢固性和密封性；阳台地面要确保一定的坡度并留有地漏或排水口；窗台如果栽种植物，要保证花盆放置的稳固性。

③健康性原则：阳台是一个享受阳光和呼吸新鲜空气的绝妙场所，因此阳台设计的第一要务就是要保持阳台的充分通风、光照，在选材方面要确保使用材料的环保性，绿色植物的选择也要适宜住宅环境。

（2）阳台的配饰要求。

阳台的地面根据客户的喜好和住宅风格使用艺术防滑地砖；植物以小巧的观赏花卉植物为主，可增加生活的情趣。阳台由于长时间受到阳光的照晒，不适合设计较大的储藏柜。一张逍遥椅、一张矮几即可让人享受冬日午后的阳光。阳台如图 2-2-52 和图 2-2-53 所示。

图 2-2-52　阳台 1

图 2-2-53　阳台 2

3.绘制住宅室内总平面图

1）绘制功能分析图

功能分析图也可称为泡泡图。任何一名设计师都要会绘制设计草图，这是后续设计工作的开始。设计师将自己对空间的理解用线条的方式毫无拘束地记录下来。草图可以分为概念性草图、分析性草图和观察性草图。在室内设计中，设计师主要采用分析性草图。

分析性草图的主要内容包括对建筑、空间或构成要素的分析与解构。草图可以产生在设计过程的任何阶段。在项目的开始阶段，草图可以传达设计的意图；在之后的设计过程中，草图可以用来阐述与建筑体验有关的想法或建造的问题。分析性草图为我们提供了一种简化和明晰的思考方式，可以帮助我们阐明复杂的设计问题。

与客户沟通后，设计师已经明白客户的要求。测量了房间的尺寸之后，设计师可以采取创意蛛网图（见图 2-2-54）进行室内空间功能分析，先把家装要设计的主题作为核心，把要设计的项目（如风格、造型、空间、照明、材料、色彩等）列为设计环境，然后分别按门厅、起居室、餐厅等功能分区一直联想下去，想到一个设计内容就画一个圈，最后用直线把它们和主体连接。这样用联想的方法一直深入地扩展开去就能形成如蜘蛛网般的逻辑分析图。这个方法使设计较为系统、有条理，有利于初入设计行业的设计者快速、准确地抓住各空间的功能联系，为后期的总平面的设计做好铺垫。

我们也可以利用平面结构图进行图解思维，如图 2-2-55 至图 2-2-57 所示。

图 2-2-54　设计初的创意蛛网图

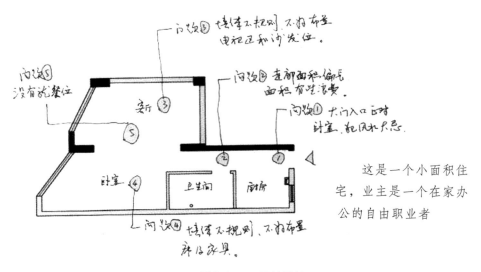

图 2-2-55　原始结构图

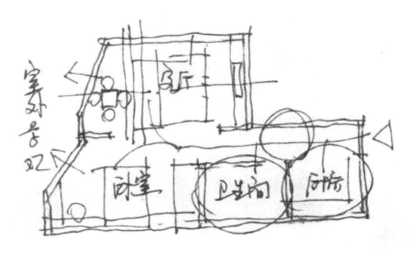

图 2-2-56　功能布局图

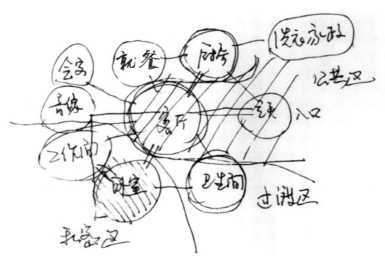

图 2-2-57　功能分析图

2）绘制总平面草图

根据功能分析图,我们鼓励设计者站在不同的角度绘制不同的设计草图,这有利于设计者思维的成熟,也有益于设计的完善,如图 2-2-58 至图 2-2-62 所示。

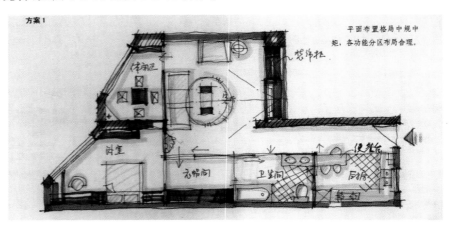

图 2-2-58　设计师根据户型结构进行的传统型设计

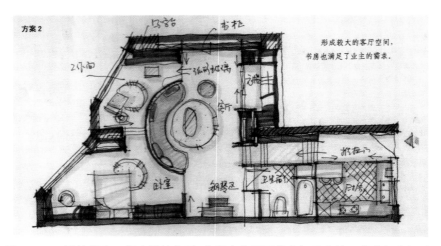

图 2-2-59　设计师在了解户型结构后,依照客户需要较大起居室的要求进行的设计,
比前一种设计方案思维有所突破

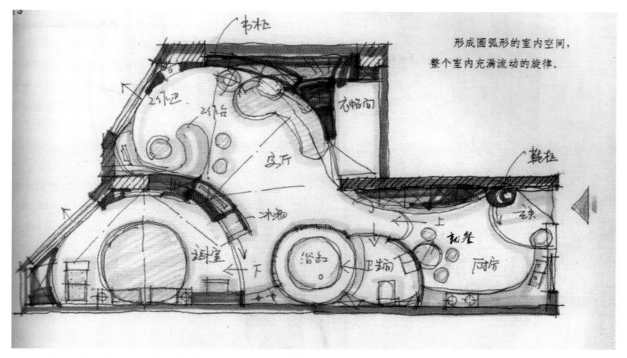

图 2-2-60　在上一个方案的基础上进一步利用弧线元素完善方案,创意更大胆,整个空间充满流动的旋律

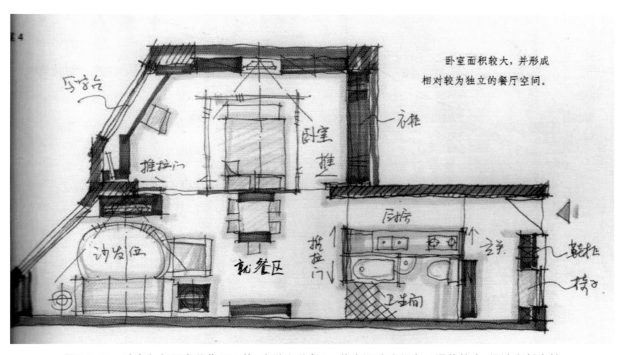

图 2-2-61　卧室与起居室的位置互换,有独立的餐厅,整个设计功能布局调整较大,设计有创意性

　　值得强调的是,徒手表现技法在前期思维创意和草图设计时起到重要的作用,特别是在与客户的洽谈中,好的方案表现图能够赢得客户对方案,甚至设计师个人的欣赏。

　　3)绘制总平面设计图

　　在经过一系列的头脑风暴后,我们将设计思路成熟、功能完善的方案进行整理后,徒手或用电脑辅助设计绘制出总平面设计图,如图 2-2-63 和图 2-2-64 所示。

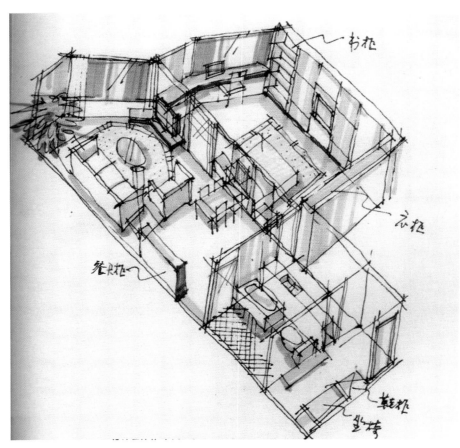

图 2-2-62   为了方便客户看懂方案，设计师绘制轴测图，使方案看上去更直观、生动

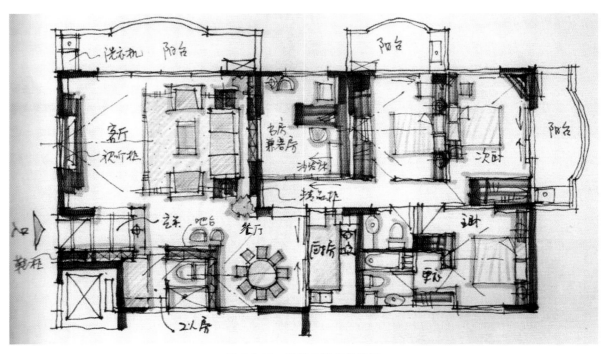

图 2-2-63   手绘总平面设计图

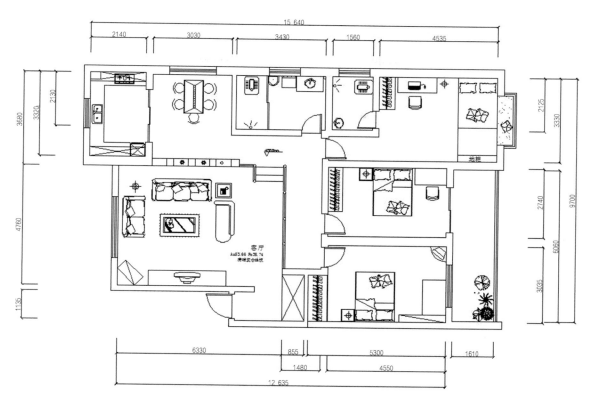

图 2-2-64　电脑辅助设计绘制总平面设计图

实训1　校外住宅空间户型的测量与绘制

1. 实训目的

（1）通过进行户型的测量与绘制强化学生对各类住宅空间结构，以及各种墙体的尺寸和空间尺度的了解，对后期室内结构的改造做到心中有数。

（2）强化徒手绘制表达能力，做到心手合一。

（3）强化手绘测量图到利用 CAD 绘制结构图的绘制过程。CAD 图强调数据的精确，学生往往不能将手绘测量图准确地绘制成 CAD 图。CAD 图常出现多处数据对不上、结构错位的问题。学生需要不断练习。

2. 实训内容

选择几套不同房型（三室两厅、错层、复式楼等）的住宅，将班级学生分为 2 人一组进行现场量房，并将手绘的房型结构图转换成 CAD 结构图。

3. 实训要求

（1）户型结构绘制准确。

（2）每段墙体尺寸标注精确到毫米，特别要注重墙垛的尺寸。

（3）卫生间的高度下沉，下水管、地漏等位置标注精确。

（4）转换成的 CAD 结构图与原手绘图结构一致，误差控制在 10 mm 以内。

4. 实训时间

6 课时。

实训2 | 平面图方案创意练习

1. 实训目的

（1）通过平面图方案创意练习强化学生对空间结构的深入理解和运用空间完成功能分布的能力。

（2）使学生深入理解和运用各功能空间的设计原理。

（3）通过各角度思维的碰撞，使学生学会功能分析图法，培养学生的创造力。

2. 实训内容

在实训1的基础上，让每组学生针对测量的户型进行总平面布局构思，绘制出多种可行的构思草案并将最完善的方案绘制成CAD平面图。

3. 实训要求

（1）设计方案可行。

（2）住宅功能布局合理、完善，符合人体工程学要求。

（3）设计具有一定的创意。

4. 实训时间

6课时。

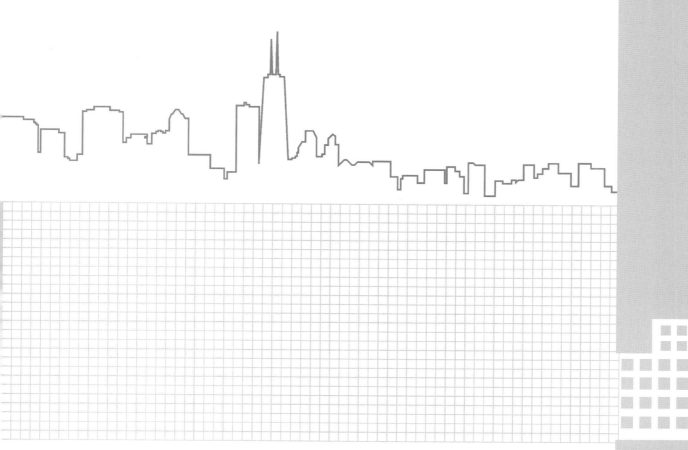

模块二 居住空间重点立面设计

课题 1 立面设计的原则

学习目标

　　通过本课题的学习,掌握家居空间立面设计的基本原则和设计要点,了解立面设计形式和材料、构造的联系,掌握不同设计风格下不同居室功能空间立面的设计方法。

学习任务

　　(1)家居空间重点立面设计的原则及设计要点。
　　(2)家居空间重点立面形式表现。
　　(3)家居空间重点立面材料与构造。
　　(4)家居空间重点立面的不同风格。
　　(5)家居主要功能空间立面设计。

任务分析

　　家居立面设计是在家居界面设计中占比重最大的一部分,也是比较重要的一部分。立面的设计风格决定了立面设计使用的方法、材料、构造及色彩,对设计成败起决定性的作用。设计师在设计时一定要注意把握立面风格的选择与确定。材料与构造是表现立面形式的手段,而形式则是立面设计的核心。本课题通过研究立面形式与材料、构造的关系,使学生能够运用不同的装饰材料来表现立面的形式,掌握家居空间中不同风格的设计手法及主要空间立面的设计方法。

3.1.1 立面设计的要点

1. 立面设计的原则

立面设计的原则如下。

①同一空间内的各立面处理必须在统一的风格下进行,装饰、装修要与立面特定要求协调,达到高度的、有机的统一。

②不同使用功能的空间,具有不同的空间性格和不同环境气氛要求。在室内空间环境的整体氛围上,立面设计要服从不同功能的室内空间的特定要求。

③立面与其他界面一样作为室内环境的背景,对室内空间、家具和陈设起到烘托、陪衬的作用;立面设计必须坚持以简洁明快、淡雅为主,切忌过分突出。

④充分利用材料质感。

⑤充分利用色彩的效果。

⑥照明及自然光影在创造室内气氛中起烘托作用。

⑦在建筑物理方面,如果立面需要进行保温隔热、隔音、防火、防水等技术处理,设计师主要按照需要及条件进行考虑和选择。

⑧构造施工上要简洁、经济合理。

2.立面设计的要点

1)形状

形状由面构成,面由线构成。室内空间立面中的线主要有直线、曲线、分格线和由于表面凹凸变化而产生的线。这些线可以体现装饰的静态或动态,可以调整空间感,也可以反映装饰的精美程度;密集的线是有极强的方向性的;横向直线可以使空间显得更深远,有助于小空间增大空间感(见图 3-1-1);竖向的线条可以把人们的视线引向上方,增加空间的高度感(见图 3-1-2);曲线灵活多变,为立面增添了柔美气息(见图 3-1-3)。

图 3-1-1　横向直线使空间显得更深远(摘自网络)

图 3-1-2　竖线增加空间的高度感(摘自《主墙设计 500》,台湾麦浩斯《漂亮家居》编辑部编)

室内空间中的立面具有不同的形状。不同形状的面会给人不同的联想和感受:棱角尖锐的面,给人强烈、刺激的感觉;圆、滑的面,给人柔和活泼的感觉;扇形面使人感到轻巧与华丽;梯形面给人坚固和质朴的感觉;正圆形的面中心明确,具有向心力和离心力等。正圆形和正方形属于中性形状,因此,设计者在创造具有个性的空间环境时,常常采用非中性的自由形状,如图 3-1-4 和图 3-1-5 所示。

形体在室内空间立面上也较多出现,如墙面上的漏窗、景洞、挂画、壁画等采取什么样的轮廓,都涉及形与形之间的关系,以及形状的特征与性格。这里的形体可以从两个方面来理解:一个方面是立面围成的空间;另一个方面是立面的表面显示出来的凹凸和起伏。前者是空间的体形,后者主要是指大的凹凸和起伏。

设计师要统一考虑设计中的线、面、形的综合效果。面与面相交形成的交线,可能是直线、折线,也可能是曲线,这与相交的两个面的形状有关。

图 3-1-3　曲线使墙面更加柔美(摘自《主墙设计 500》,台湾麦浩斯《漂亮家居》编辑部编)

图 3-1-4　带有趣味性的几何造型电视墙（摘自《主墙设计 500》，　　图 3-1-5　异形墙面（摘自 www.id-china.com.cn）
　　　　　台湾麦浩斯《漂亮家居》编辑部编）

2）图案

立面是有形有色的,这些形与色在很多情况下,又表现为各式各样的图案。室内环境能否统一协调而不呆板、富有变化而不混乱,都与图案的设计密切相关。对于色彩、质感基本相同的装饰,设计师可以借助不同的图案使其富有变化;对于色彩、质感差别较大的装饰,设计师可以借助相同的图案使其协调。

（1）图案的作用。

①图案可以利用人们的视觉来改善界面或配套设施的比例。一个正方形的墙面,用一组平行线装饰后,看起来可以像矩形;把相对的两个墙面全部这样处理后,平面为正方形的房间,看上去就会显得更深远,如图 3-1-6 所示。

②图案可以使空间有静感或动感。纵横交错的直线组成的网格图案,会使空间具有稳定感;斜线、折线、波浪线和其他方向性较强的图案,会使空间富有运动感,如图 3-1-7 所示。

③图案还能使空间环境具有某种气氛和情趣,如装饰墙采用带有透视性线条的图案,与顶棚和地面连接,给人浑然一体的感觉。

（2）图案的选择。

①在选择图案时,设计师应充分考虑空间的大小、形状、用途和性格。动感强的图案,最好用在入口、走道、楼梯和其他气氛轻松的公共空间,不宜用于卧室、起居室或者其他气氛闲适的房间;过分抽象和变形较大的动植物图案,只能用于成人使用的空间,不宜用于儿童房间;儿童用房的图案,应该富有趣味性,色彩可鲜艳明快些;成人用房应慎用纯度过高的色彩,以使空间环境更加稳定、统一。

②同一空间的图案宜少不宜多,通常不超过两个图案。如果选用三个或三个以上的图案,则应强调突出其中一个主要图案,减弱其余图案,否则,会造成视觉上的混乱。

3）质感

在选择材料的质感时,设计师应把握好以下几点。

（1）要使材料性格与空间性格吻合。室内空间的性格决定了空间气氛,空间气氛的构成则与材料性格紧密相关。因此,在材料选用时,设计师应注意使其性格与空间气氛吻合:严肃性空间可以采用质地坚硬的花岗岩、大理石等石材;活跃性空间可以采用光滑、明亮的金属材料和玻璃;休息性空间可以采用木材、织物、壁纸等舒适、温暖、柔软的材料。

（2）要充分展示材料自身的内在美。天然材料巧夺天工,具备许多人无法模仿的美的要素,如图案、色彩、纹理等。因此,在选用这些材料时,设计师应注意识别和运用,应充分体现其个性美,如石材中的花岗岩、大理石,木材中的水曲柳、柚木、红木等,都具有天然的纹理和色彩。因此,在材料的选用上,并不意味着高档、高价便能出现好的效果;相反,只要能使材料各尽其用,即使花较少的费用,也可以获得较好的效果。

图 3-1-6 平行线装饰使墙面产生收束感(摘自 　　　图 3-1-7 墙面的不规则图形极富动感(摘自《主墙设计 500》,台湾
《主墙设计 500》,台湾麦浩斯《漂亮 　　　　　　　　　　麦浩斯《漂亮家居》编辑部编)
家居》编辑部编)

(3)要注意材料质感与距离、面积的关系。同种材料,当距离近或面积大小不同时,给人的感觉往往是不同的。光亮的金属材料,用于面积较小的地方,尤其在作为镶边材料时,显得光彩夺目;大面积应用时,容易给人凹凸不平的感觉。毛石墙面近观很粗糙,远看则显得较平滑。因此,在设计中,设计师应充分把握这些特点,在大小尺度不同的空间中巧妙运用。

(4)注意与使用要求统一。对于不同功能的使用空间,设计师必须采用与之适应的材料:有隔声、吸声、防潮、防火、防尘、光照等不同要求的房间,应选用不同材质、不同性能的材料;对于同一空间的不同立面,设计师也应根据耐磨性、耐污性、光照柔和程度等方面的不同要求选用合适的材料。

(5)注意材料的经济性。选用材料,设计师必须考虑其经济性,应以低价高效为目标。即使要装饰高档的空间,设计师也要搭配好不同档次的材料,若全部采用高档材料,反而给人浮华、艳俗之感。

3.1.2 家居空间立面设计形式

普通墙面的设计通常遵循艺术规律,用比例、尺度、节奏、旋律、均衡等艺术手段组合墙面。墙面的形式很多,设计者可以把它作为普通的围护结构考虑,还可以把它作为一个艺术品设计,所以墙面设计形式很难归类。从内墙装饰的角度,我们将墙面设计形式分成三类:①传统式墙面;②整体墙面;③立体墙面。

1. 传统式墙面

传统式墙面(见图 3-1-8)是在室内墙立面上做高度方向的三段设计,这种墙面设计手法有很久的历史,设计理念是以使用功能为出发点,完善建筑墙体的围护。同时,经长期的比例构图的推敲,这种立面构图符合传统的构图原则。

传统式墙面是将立面自下而上分为三个部分:第一个部分是踢脚和墙裙部分;第二个部分是墙身部分;第三个部分是顶棚与墙交角形成的棚角线部分。在有些设计中,设计师没有设计墙裙或只设计了腰线,这些都是传统式的扩展形式。

传统式室内墙面的设计方法是室外古典三段式墙面设计的延续,符合严谨的传统建筑构图法则,下面可看成基座,上面有收口,符合大多数人的审美观点,既能满足简洁明快的设计风格,又能展示富丽堂皇的另一面。所以这种设计形式广为设计者采用,设计作品经久不衰,为广大人民群众所接受。

图 3-1-8　传统式墙面设计（摘自网络）

2.整体墙面

整体墙面是自下而上用一种或几种材料装饰而成的,整体墙面图案完整。这种墙面的特点是墙面风格统一,简洁明快,节奏感强。如果不设踢脚和阴角线,考虑到踢脚处易损坏的特点,在设计中选用材料时,要注意材料的质地要坚硬些,材料的分隔要均匀并有节奏变化。从选用元素的角度出发,我们可以将整体墙面分为以材料为主的墙面、以图案为主的墙面。

1)以材料为主的墙面

这种做法是在整体墙面的设计上采用一种材料来装饰完整墙面的做法。在设计上,这种材料为墙面的绝对重点,其他材料分量较小,可以忽略不计。这种墙面简洁、高雅,施工也比较方便,如图 3-1-9 所示。

2)以图案为主的墙面

这种做法是在整体墙面的设计上采用几种材料,组合成完整图案来装饰完整墙面的做法。在以图案为主的设计中,设计师可选用几种不同材质或不同色彩的装饰材料,组成图案清晰、完整的整体墙面。这种墙面装饰性强、视觉感受明显,如图 3-1-10 所示。

整体墙面可选择的材料较多,应用场合较广泛,如宾馆、商场、居室等空间均可局部或整体采用。

图 3-1-9　整体的木质墙面（摘自网络）

图 3-1-10　以图案为主的墙面（摘自网络）

3.立体墙面

随着建筑装饰的不断发展,墙面作为人的视线首先感受的界面,受到了越来越多人的重视。设计者不满足旧有的墙面设计方式,在一些讲究气氛、渲染环境的空间中,立体墙面相继出现。这种墙面不在一个垂直面上,有时局部凸出墙面,有进局部凹入墙面。有些墙面做多层叠级处理,使墙面立体感强且生动,有些墙面还具有运动感,烘托气氛十分理想。以建筑墙体体积的走向分析,我们可以将立体墙面分为以凸为主的墙面、以凹为主的墙面、凸凹均有的墙面。

1)以凸为主的墙面

这种墙面在原有建筑墙面的基础上附加一些带有体积感的装饰元素,形成突出墙面的立体效果。该墙面一般情况下不会破坏建筑墙体,施工也较为方便,但是凸出部分会占用部分室内空间,对一些室内空间较小的建筑进行墙面设计时要谨慎考虑。

2)以凹为主的墙面

这种墙面在原有建筑墙面的基础上附加凹入墙面的重新装饰,形成凹入墙面的立体效果。这种墙面利用凸出部分做装饰墙体,但视觉上只能看到装饰后的以凹入为主的墙体。该墙体也会占用部分室内空间,不利于一些室内空间较小的建筑,但装饰效果比较高雅。

3)凸凹均有的墙面

这种设计以原墙面为基准平面通过附加墙面和凹入墙面,使墙面上的凸凹变化均为视觉中心。有些空间需要灵活、前卫、动感的墙体界面设计,凸凹均有的墙面就是一种比较好的选择。在灯光的照射下,这种墙面的光影变化丰富,墙面立体感很强。

立体墙面要占用一定的室内空间,在小空间的房间内不宜采用,在一些大空间,如大厅、歌厅、夜总会、舞厅、卡通剧场等娱乐、休闲场所适合采用。

3.1.3 立面装饰材料与构造

1.抹灰类墙体饰面构造

1)普通抹灰饰面构造

内墙面普通抹灰一般采用混合砂浆抹灰、水泥砂浆抹灰、纸筋麻刀灰抹灰和石灰膏灰罩面。

有防潮要求的空间应用水泥砂浆抹灰。室内门窗洞口、内墙阳角、柱子四周等易损部位应用强度较高的1:2水泥砂浆抹出或预埋角钢做成护角,如图3-1-11所示。

内墙面普通抹灰经常采用灰线(也称线脚),一般用于室内顶棚四周、方(圆)柱的上端、舞台口、灯光装饰的周围。

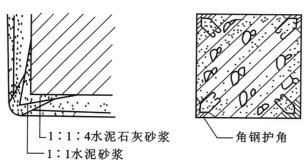

图 3-1-11　墙和柱的护角

2)装饰抹灰饰面构造

(1)拉毛、甩毛(洒毛)、搓毛饰面。

拉毛分为大拉毛和小拉毛两种。小拉毛掺含水泥量为5%～12%的石灰膏;大拉毛掺含水泥量为20%～25%的石灰膏,再掺适量砂子和纸筋,防止龟裂。

甩毛(洒毛)饰面是将面层灰浆用工具甩(洒)在墙面上的一种饰面做法。其构造做法是用1:3水泥砂浆打底,表面刷水泥砂浆或色浆。中间层、面层厚度一般不超过13 mm,采用带色的1:1水泥砂浆,用竹扫帚甩(洒)到带色的中层灰面上,应由上往下、有规律地进行。

搓毛饰面工艺简单、省工省料。搓毛饰面的底子灰用1:1:6水泥石灰砂浆,里面也用1:1:6水泥石灰砂浆,应进行搓毛。

拉条抹灰饰面是利用刻有凸凹形状的专用工具,在普通抹灰面层上进行上下拉动形成的。

(2)聚合物水泥砂浆的喷涂、滚涂、弹涂饰面。

喷涂饰面是用挤压式喷泵或喷斗将聚合物水泥砂浆喷涂于墙体表面形成的装饰层。

滚涂饰面是将聚合物水泥砂浆抹在墙体表面,用碴子滚出花纹,再喷甲基硅酸钠疏水剂形成的装饰层。

弹涂饰面是将聚合物水泥砂浆刷在墙体表面,用弹涂器分几遍将不同颜色的聚合物水泥砂浆弹在已涂刷的涂层上,再喷甲基硅树脂或聚乙烯醇缩丁醛酒精溶液形成的装饰层。

(3)假面砖饰面。

假面砖饰面是采用掺氧化铁红、氧化铁黄等颜料的彩色水泥砂浆为面层,通过手工操作达到模拟面砖装饰效果的饰面做法,一般采用铁梳子或铁辊滚压刻纹,用铁钩子或铁皮刨子划沟。

(4)假石饰面。

斩假石饰面和拉假石饰面均属于假石饰面。斩假石饰面,又称剁斧石饰面、剁假石饰面,是以水泥石渣浆为面层,凝结硬化具有一定强度后,再用斧子、凿子等工具,在面层上剁斩出类似石材经雕琢的纹理效果的一种人造石料装饰方法。斩假石饰面分层构造示意如图 3-1-12 所示。

(5)水刷石饰面。

水刷石饰面制作时,将掺有水刷石的石渣浆抹于墙面,面层刚开始初凝时,用软毛刷蘸水刷掉面层水泥浆露出石粒,接着用喷雾器将四周邻近部位喷湿,然后由上往下喷水,把表面的水泥浆冲掉,使石子外露约为粒径的 1/2,最后用小水壶由上往下冲洗,将石渣表面冲刷干净。水刷石饰面分层构造如图 3-1-13 所示。

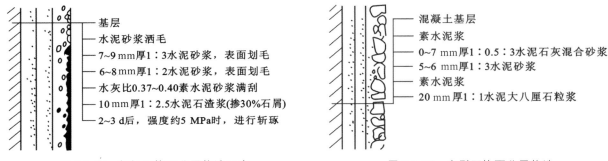

图 3-1-12　斩假石饰面分层构造示意　　　　　　图 3-1-13　水刷石饰面分层构造

(6)干粘石饰面。

干粘石饰面在选料时一般用粒径约为 4 mm 的石渣。在使用前,石渣应用水冲洗干净,去掉尘土和粉屑;在黏结砂浆找平后,应立即撒石子;黏结砂浆表面均匀粘满石渣后,再用拍子压平拍实,使石渣埋入黏结砂浆 1/2 以上。

喷粘石的主要特点:用压缩空气带动喷斗喷射石渣代替手甩石渣,提高了工效,其装饰效果与手工粘石基本相同。

2.涂刷类墙面装饰构造

涂刷类饰面,是指将建筑涂料涂刷于构配件表面形成牢固的膜层,起到保护、装饰墙面作用的一种装饰做法。

涂刷类饰面与其他种类饰面相比,具有工效高、工期短、材料用量少、自重轻、造价低等优点。涂刷类饰面的耐久性略差,但维修、更新很方便,且简单易行。

根据状态的不同,建筑涂料可划分为溶剂型涂料、水溶性涂料、乳液型涂料和粉末涂料等几类。

根据装饰质感的不同,建筑涂料可划分为薄质涂料、厚质涂料和复层涂料等几类。

根据装饰质感的不同,外墙涂料可划分为薄涂料、厚涂料和复层涂料。

1)刷浆饰面

刷浆饰面,是将水质涂料喷刷在建筑物抹灰层或基体等表面上,用以保护墙体、美化建筑物的装饰层。

水质涂料的种类较多,适用于室内刷浆的有石灰浆、大白粉浆、可赛银浆、色粉浆等;适用于室外刷浆的有水泥避水色浆、油粉浆、聚合物水泥浆等。

2）水泥避水色浆饰面

水泥避水色浆的原名为"憎水水泥浆"，是在白水泥中掺消石灰粉、石膏、氯化钙等无机物作为保水和促凝剂，掺硬脂酸钙作为疏水剂，能减少涂层的吸水性，延缓其被污染的进程。

这种涂料的质量配合比为 32.5 级白水泥∶消石灰粉∶氯化钙∶石膏∶硬脂酸钙＝100∶20∶5∶(0.5～1)∶1。

3）聚合物水泥浆饰面

聚合物水泥浆的主要成分为水泥、高分子材料、分散剂、憎水剂和颜料。这种涂料只适用于一般等级工程的檐口、窗套、凹阳台墙面等水泥砂浆面上的局部装饰。

4）石灰浆饰面

石灰浆是由熟石灰(消石灰)加水调和而成的。在调制石灰浆涂料时，工作人员必须事先将生石灰块在水中充分浸泡。

石灰浆涂料也可用于外墙面的粉刷，比较简单的方法是掺一定量的颜料，混合均匀后即可使用。

石灰浆涂料的耐水性较差，涂层表面孔隙率高，很容易吸入带有尘埃的雨水，形成污点，所以用作外墙饰面时，耐久性也较差。

5）大白粉浆饰面

大白粉浆是以大白粉、胶结料为原料，用水调和、混合均匀而成的涂料，简称"大白浆"。以前常用的胶结料是以龙须菜、石花菜等煮熬而得的菜胶及火碱面胶。大白粉浆经常需要配成色浆使用，应注意所用的颜料要有好的耐碱性及耐光性。大白粉浆的盖底能力较强，涂层外观比石灰浆细腻洁白，货源充足、价格很低，操作使用和维修更新都比较方便。

6）可赛银浆饰面

可赛银是以碳酸钙、滑石粉等为填料，以酪素为黏结料，掺颜料混合而成的粉末状材料，也称"酪素涂料"。使用时，工作人员先用温水将粉末充分浸泡，再用水调至施工稠度即可使用。

可赛银浆与大白粉浆相比，优点在于它是在生产过程中磨细、混合的，有很好的细度和均匀性。它与基层的黏结力强，耐碱与耐磨性也较好。

3.贴面类墙面装饰构造

1）直接镶贴饰面

直接镶贴饰面的构造比较简单，大体上由底层砂浆、黏结层砂浆和块状贴面材料面层组成。底层砂浆具有使饰面与基层黏附和找平的双层作用，黏结层砂浆的作用是与底层形成良好的整体并将贴面材料黏附在墙体上。

常见的直接镶贴饰面材料为陶瓷制品，如面砖、瓷砖、陶瓷锦砖等。

（1）釉面砖(瓷砖)饰面。

釉面砖饰面(见图 3-1-14)是用瓷土或优质陶土烧制成的饰面。瓷砖颜色稳定、经久不变，表面光滑、美观，吸水率低，多用于室内需要经常擦洗的墙面。瓷砖饰面的底灰为 12 mm 厚 1∶3 水泥砂浆。瓷砖的粘贴方法有两种：一种是软贴法，即用 5～8 mm 厚的 1∶0.1∶2.5 的水泥石灰砂浆作为结合层；另一种是硬贴法，即在贴面水泥浆中加入适量建筑胶，一般只需 2～3 mm 厚。

图 3-1-14　釉面砖饰面(摘自网络)

（2）陶瓷锦砖与玻璃锦砖饰面。

陶瓷锦砖又名马赛克，是以优质瓷土烧制而成的小块瓷砖。陶瓷锦砖分挂釉和不挂釉两种，有各种各样的颜色，具有色泽稳定、耐污染、面层薄、自重轻的特点，主要用于地面和墙面的装饰。

玻璃锦砖又称玻璃马赛克或玻璃纸皮砖，是由各种颜色玻璃掺入其他原料经高温熔融后压延制成的小块,按不同图案贴于皮纸上,主要用于外墙面,色泽较为丰富,排列的图案可以多种多样。

陶瓷锦砖和玻璃锦砖的粘贴方法基本相同:用 12 mm 厚的 1∶3 水泥砂浆打底,用 3 mm 厚的 1∶1∶2 纸筋石灰膏水泥混合灰作为黏结层铺贴,待黏结层开始凝固,洗去皮纸,用水泥浆擦缝,如图 3-1-15 所示。为避免脱落,一般不宜在冬季施工。

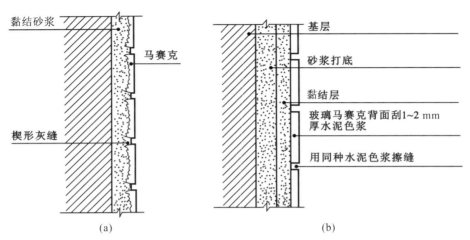

图 3-1-15　陶瓷锦砖和玻璃锦砖饰面构造

（3）琉璃饰面。

琉璃饰面根据尺度不同,可分为小型,大、中型等类。

①小型琉璃构件。

当琉璃构件长度、宽度为 100～150 mm,厚度为 10～20 mm 时,称为小型构件。

②大、中型琉璃构件。

琉璃构件的长度、宽度在 300 mm 以上时称为大、中型琉璃构件。

2）贴挂类饰面

贴挂类饰面采用一定的构造连接措施,以加强饰面块材与基层的连接,与直接镶贴饰面有一定区别。常见的贴挂类饰面材料有天然石材（如花岗岩、大理石等）和预制板块材（如预制水磨石板、人造石材等）。

（1）天然石材饰面。

天然石材是指用大理石、花岗石加工成的各种板材,用于室内外墙面的装饰,具有强度高、结构致密和色泽雅致等优点。

①大理石饰面。

大理石饰面的安装方法有挂贴法（钢筋固定法,如图 3-1-16 所示）木楔固定法（见图 3-1-17）等。

②花岗石饰面。

根据加工方法及形成的装饰质感不同,花岗石饰面板分为四种:剁斧板材、机刨板材、粗磨板材、磨光板材。

（2）预制板块材饰面。

常用的预制板块材主要有水磨石、水刷石、斩假石、人造大理石等。它们要经过分块设计、制模型、浇捣制品、表面加工等步骤制成预制板。预制板块材的固定方法与花岗石饰面相同,如图 3-1-18 所示。

4.裱糊类墙面构造

裱糊类墙面是指用墙纸、墙布、丝绒锦缎、微薄木等材料,通过裱糊方式覆盖在外表面作为饰面层的墙面。

裱糊类装饰一般只用于室内,可以是室内墙面、顶棚或其他构配件表面。裱糊类墙面有施工方便、装饰效果好、功能多、维护保养方便等特点。裱糊类饰面材料,通常可分为墙纸、墙布饰面,丝绒锦缎饰面和微薄木饰面三大类。

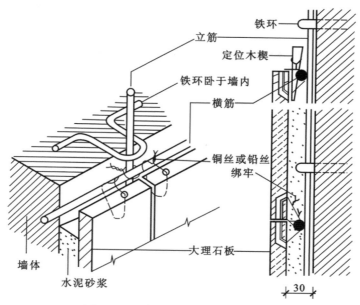

图 3-1-16　大理石挂贴法（摘自网络）

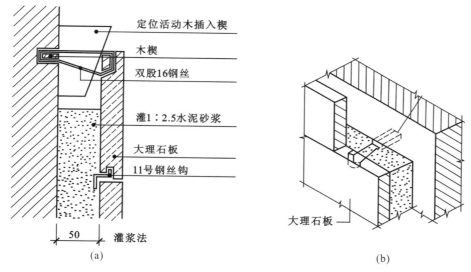

图 3-1-17　大理石木楔固定法（摘自网络）

1）墙纸、墙布饰面

（1）墙纸饰面。

墙纸的种类较多，主要有普通墙纸、塑料墙纸（PVC墙纸）、复合纸质墙纸、纺织纤维墙纸、彩色砂粒墙纸、风景墙纸等。墙纸饰面用纸作为基层，易于保证墙纸的透气性，对裱糊胶的材性要求不高。

（2）墙布饰面。

①玻璃纤维墙布。

玻璃纤维墙布是以玻璃纤维作为基材，在表面涂耐磨树脂，经染色、印花等工艺制成的一种墙布。

②无纺墙布。

无纺墙布是采用棉、麻等天然纤维或涤纶、腈纶等合成纤维，经过无纺成型、上树脂、印制彩色花纹而成的一种新型高级饰面材料。

2）丝绒锦缎饰面

丝绒和锦缎墙布的特点是绚丽多彩、典雅精致、质感温暖、色泽自然，在基层处理中必须注重防潮，一般做法：在墙面基层上用水泥砂浆找平后刷冷底子油，再做一毡二油防潮层；立木龙骨（木龙骨断面为50 mm

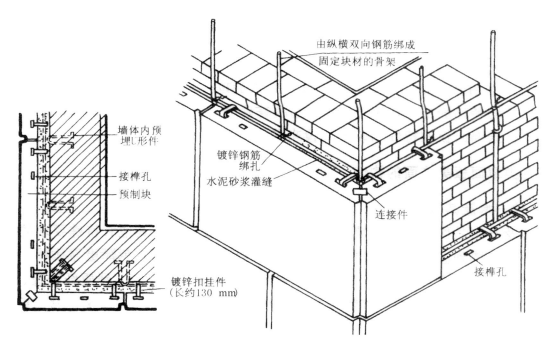

图 3-1-18　预制板块材饰面构造（摘自网络）

×50 mm，骨架纵横双向间距为 450 mm），将胶合板直接钉在木龙骨上；在胶合板上用 107 胶、墙纸胶等裱贴丝绒、锦缎。丝绒锦缎饰面构造如图 3-1-19 所示。

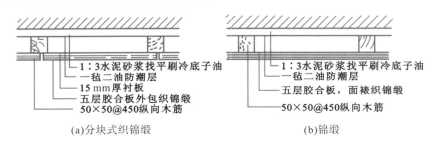

(a)分块式织锦缎　　　　　　(b)锦缎

图 3-1-19 丝绒锦缎饰面构造

3）微薄木饰面

微薄木是由天然名贵木材经机械旋切加工而成的薄木片，厚度只有 1 mm。它具有护壁板的效果，价格却和墙纸接近。微薄木厚薄均匀、木纹清晰、材质优良，保持了天然木材的真实质感。微薄木饰面构造与裱贴墙纸相似。薄木在粘贴前应用清水喷洒，然后晾至九成干，受潮卷曲的微薄木基本展开后方可粘贴。

5.镶板类墙面构造

镶板类墙面，是指用竹、木及其制品，皮革及人造革，玻璃等材料制成的各类饰面板，利用墙体或结构主体上固定的龙骨骨架形成的结构层，通过镶、钉、拼、贴等构造手法构成的墙面饰面。这些材料往往有较好的接触感和可加工性，所以大量被建筑装饰采用。

1）竹、木及其制品饰面

竹、木及其制品可用于室内墙面饰面，经常被做成护壁或用于其他有特殊要求的部位。有的纹理色泽丰富，手感好；有的表面粗糙，质感强，如甘蔗糖板等具有一定的吸声性能；有的光洁、坚硬、组织细密，具有一定的意义、独特的风格和浓郁的地方色彩。竹、木及其制品饰面的构造方法基本相似。

（1）木、竹条板饰面的一般构造。

用木条、木板制品做墙体饰面，可做成木护墙、木墙裙（1～1.8 m）或做到顶。

①预埋防腐木砖，固定木骨架。骨架与墙面的固定方法如图 3-1-20 所示。

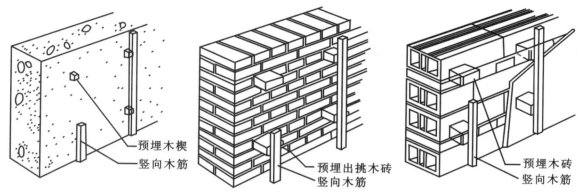

图 3-1-20　骨架与墙面的固定方法（摘自网络）

②骨架层技术处理：为了防止墙体的潮气使面板变形，应采取防潮构造措施。

③面板固定：可以将木面板用钉子钉在木骨架上，也可以胶粘加钉接，还可以用螺丝直接固定。

木、竹条板饰面的一般构造如图 3-1-21 所示。

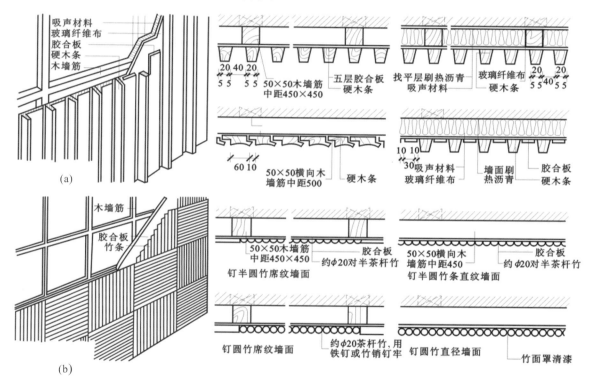

图 3-1-21　木、竹条板饰面的一般构造

（2）木、竹条板饰面的细部构造。

我们以木护墙、木墙裙为例来说明木、竹条板饰面的细部构造。

①板与板的拼接，按拼缝的处理方法，可分为平缝、高低缝、压条、密缝、离缝等方式。

②踢脚板的处理也是多种多样的，主要有外凸式与内凹式两种。当护墙板与墙的距离较大时，一般宜采用内凹式处理，踢脚板与地面宜平接。

③护墙板与顶棚交接处的收口以及木墙裙的上端，一般宜做压顶或压条处理。

④阴角和阳角的拐角处理，可采用对接、斜口对接、企口对接、填块等方法。

2）皮革及人造革饰面

皮革及人造革饰面具有质地柔软、保温性能好、能消声减振、易于清洁等特点。皮革及人造革饰面的构造与木护墙的构造相似，墙面应先进行防潮处理，先抹防潮砂浆、粘贴油毡，然后通过预埋木砖立墙筋，钉胶合板衬底,墙筋间距按皮革面分块,用钉子将皮革按设计要求固定在木筋上。铺贴固定皮革的方法有两种,一种是采用暗钉口将其钉在墙筋上,按划分的分格尺寸在每一分块的四角钉电化铝帽头钉;另一种是用小木条装饰线沿分格线位置固定,或者先用小木条固定,再在小木条表面包裹不锈钢之类的金属装饰线条。皮革及人造革饰面构造如图 3-1-22 所示。

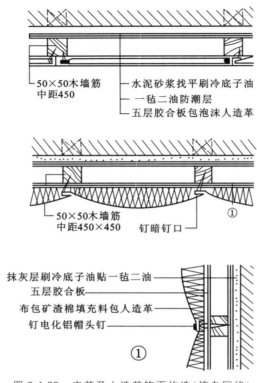

图 3-1-22　皮革及人造革饰面构造(摘自网络)

3)玻璃墙面

玻璃墙面是选用普通平板玻璃或特制的彩色玻璃、压花玻璃、磨砂玻璃等的墙面。玻璃墙面光滑、易清洁,用于室内可以起到活跃气氛、扩大空间等作用;用于室外可结合不锈钢、铝合金等作为门头等处的装饰。

玻璃墙面的构造方法:在墙基层上设置一层隔气防潮层,按采用的玻璃尺寸立木筋,在纵横成框格、木筋上做好材板。固定的方法有两种:一种是在玻璃上钻孔,用螺钉直接钉在木筋上;另一种是用嵌钉或盖缝条将玻璃卡住,盖缝条可选用硬木、塑料、金属(如不锈钢,铜、铝合金)等材料。玻璃墙面构造如图 3-1-23 所示。

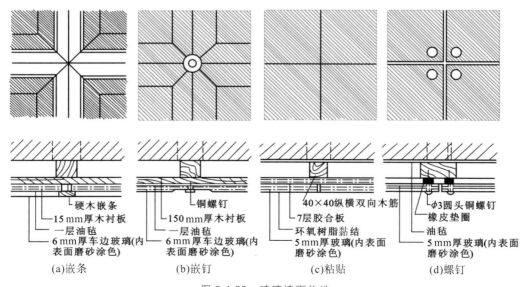

图 3-1-23　玻璃墙面构造

3.1.4　案例分析

立面的装饰设计要根据美学原理、设计风格,对任何可用材料进行创意发挥,但应注意各立面风格用材的统一。下面,我们安泰大厦实际案例的立面图分析,设计者为戴素芬。

1)门厅立面

门厅立面的主要设计物件是鞋柜、正对门口的墙体和隔断面如图 3-1-24 和图 3-1-25 所示。

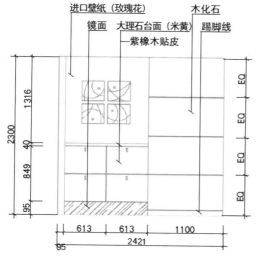

图 3-1-24　门厅立面　　　　　　　　图 3-1-25　门厅和餐厅立面对应的实景效果

2)餐厅立面

餐桌立面要与地面、吊顶做统一处理,如图 3-1-26 所示。

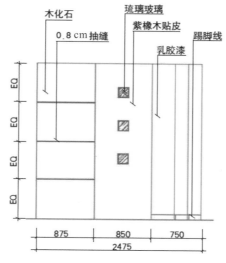

图 3-1-26　餐厅立面

3)厨房立面

厨房立面可交由专业的橱柜公司处理。

4)起居室立面

起居室立面是立面设计的重点,一般有 3 个面,设计时除处理好每个立面的效果外,还要注意 3 个立面的主次关系,如图 3-1-27 至图 3-1-31 所示。电视机背景立面要重点装饰,特别注意装饰照明效果的处理;沙发背景立面与电视机背景立面遥相呼应，可以选取电视机背景立面的某一设计元素进行简洁处理；落地窗墙面只设置窗帘，要限定好颜色和风格，最好与业主一起挑选。

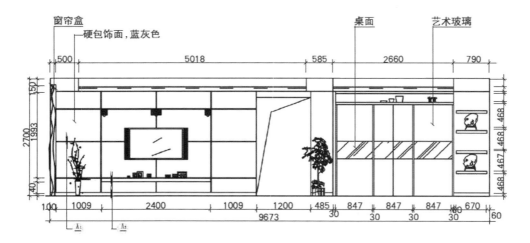

图 3-1-27　起居室立面

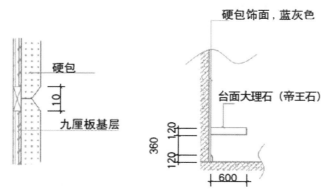

图 3-1-28　起居室剖面

图 3-1-29　电视机背景立面对应的实景效果

5）卧室立面

主卧立面也是立面设计的比较重要的一个部分，一般有 4 个面，包括电视机背景立面、双人床背景立面、落地窗立面、衣柜立面，设计时除处理好每个立面的效果外，还要注意 4 个立面的主次关系，如图 3-1-32 和图 3-1-33 所示。电视机背景立面要重点装饰，特别注意装饰照明效果的处理；双人床背景立面与电视机背景立面遥相呼应，可以选取电视机背景立面的某一设计元素进行简洁处理；落地窗立面的窗帘和衣柜立面的衣柜门设计，也要协调统一。

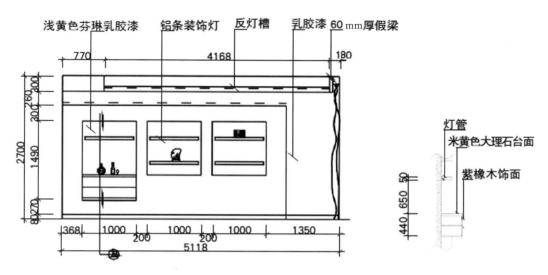

图 3-1-30　沙发背景立面

图 3-1-31　沙发背景立面对应的实景效果

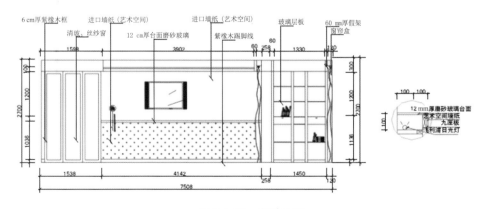

图 3-1-32　主卧立面

　　儿童房立面的设计方式与主卧相同,要根据子女的年龄、性别、爱好,确定风格、立面材料和色彩,如图 3-1-34 和图 3-1-35 所示。

图 3-1-33　主卧立面对应的实景效果

白色烤漆　　12 cm厚清玻　　进口墙纸　　进口墙纸　　紫橡木踢脚线

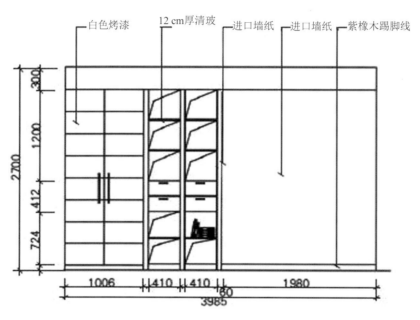

图 3-1-34　儿童房立面

图 3-1-35　儿童房立面对应的实景效果

6）储藏柜、衣柜立面

储藏柜、衣柜立面要根据人体工程学和业主生活习惯进行设计,尽可能利用空间将生活用品进行合理收纳,如图 3-1-36 和图 3-1-37 所示。

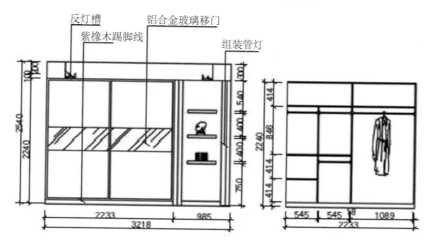

图 3-1-36　储藏柜、衣柜立面

图 3-1-37　储藏柜、衣柜立面对应的实景效果

7）卫生间立间

卫生间立面要进行防潮、防水处理,贴墙面砖,如图 3-1-38 和图 3-1-39 所示。

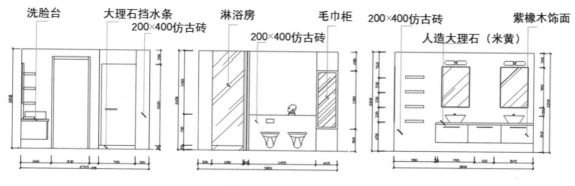

图 3-1-38　卫生间立面

图 3-1-39　卫生间立面对应的实景效果

实训1　起居室重点立面＋家具设计

1. 实训概述

起居室的墙面是起居室装饰中的重点部位,因为它面积大,位置重要,是视线集中的地方,对起居室的风格、式样及色调起着决定性作用,它的风格就是起居室的风格。因此对起居室墙面的装饰是很重要的方面。

对起居室墙面的装饰最重要的是从使用者的兴趣、爱好出发,发挥个人的聪明才智,体现不同家庭的风格与个性,这样才能装饰成有个性、多姿多彩的起居室空间。设计师应从整体出发,综合考虑室内空间、门、窗位置,光线的配置,色彩的搭配和处理等诸多因素,还要注意不同设计风格下的主墙设计方法。注意,起居室墙面应和室内装饰、家具布置融为一体,不能过度装饰。采用明亮的色调可使空间明亮、开阔。现代住宅提倡"重装饰,轻装修"的设计理念,可以用壁画、艺术品来加以美化,也能取得丰富的视觉效果。

起居室家具应根据室内的活动和功能性质来布置,其中最基本的,也是最低限度的要求是设计包括茶几在内的一组休息、谈话使用的座位(一般为沙发),以及相应的电视、音响、书报、音视资料、饮料及用具等设备用品,其他要求是根据起居室的复杂程度,增添相应家具设备。多功能组合家具,能存放多种多样的物品,常被起居室采用。起居室的家具布置应做到简洁大方,突出以谈话区为中心的重点,排除与起居无关的一切家具,这样才能体现起居室的特点,如图 3-实训 1-1 所示。

2. 实训目的

(1)通过具体的实训练习,加深对居室空间起居室主要立面及家具设计的内容、要求与设计步骤的理解与掌握。

(2)以严谨的科学态度和正确的设计思想完成设计,培养独立设计能力,为今后从事室内设计工作打下良好的基础。

3. 实训要求

(1)有较熟练的手绘能力和运用 AutoCAD、电脑效果图等电脑绘图软件进行设计的能力,能以多种形式表达设计意图和表现设计效果。

(2)掌握起居室立面的施工环节及步骤,能正确处理施工中遇到的问题,培养与人沟通的能力。

(3)掌握起居室主要家具的选购及布置原则,要求所选家具与室内风格统一。

4. 实训场所及实训设备

实训场所:设计室、图书馆、资料室、机房。实训设备:电脑、扫描仪、打印机及相关材料、模型制作材料

图 3-实训 1-1　起居室的家具布置

与工具。

5. 实训任务

1）实施方式

学生 6 人一组，相互协作、交流、评价、学习，小组成员独立完成设计。

2）完成内容

（1）图纸内容：给定户型的起居室立面。

（2）文件型号：A4 纸。

（3）表现方式：手绘或电脑制作。

（4）完成时间：约 7 天。

实训2　餐厅重点立面＋家具设计

1. 实训概述

餐桌和餐椅是餐厅的主角，在餐桌边上放置餐边柜和在墙上挂主题艺术品是常见的手法，如图 3-实训 2-1 所示。如果是欧式的设计风格，设计师可以考虑设置壁炉，增加温馨的气氛。餐桌的大小应根据家庭日常进餐人数来确定，同时应考虑宴请亲友的需要。在面积不足的情况下，设计师可采用折叠式的餐桌进行布置，以增强在使用上的机动性；为节约占地面积，餐桌、餐椅本身应采用小尺度设计。设计师应根据餐厅或用餐区的大小与形状以及家庭的用餐习惯，选择合适的家具。

图 3-实训 2-1　餐厅的家具布置

对于面积小的餐厅空间，设计师可以在整个墙面或局部安装镜面玻璃以增大视觉空间效果。

对于凸显个性的餐厅，设计师可以在墙面的材质上考虑，利用不同肌理、质地的变化形成对比效果，如天然的木纹体现自然、原始的气息,金属与皮革的搭配强调时尚的现代感,拉毛或带规则纹理的水泥墙面表达朴素的情感。只要富有创意,装饰的手法可以不限。墙面在齐腰位置要考虑用耐碰撞、耐磨损的材料,如选择一些木饰、墙砖来做局部装饰、护墙处理。

2.实训目的

(1)通过实训,掌握依据客户的要求,融入设计师的理念进行设计作品创作的方法。

(2)掌握餐厅立面的多种设计表现的方法及规范的绘制立面工程施工图的方法。

(3)掌握餐厅立面设计风格、立面色彩与立面常用装饰材料的选择方法。

3.实训要求

(1)有较熟练的手绘能力和运用AutoCAD、电脑效果图等电脑绘图软件进行设计的能力,能以多种形式表达设计意图和表现设计效果。

(2)培养与客户交流沟通的能力及与项目组同事团队协作的精神。

(3)在训练中发现问题及时咨询实训指导老师,与指导老师进行交流。

(4)训练过程中注重自我总结与评价,以严谨的工作作风对待实训。

4.实训场所及实训设备

实训场所:设计室、图书馆、资料室、机房。实训设备:电脑、扫描仪、打印机及相关材料、模型制作材料与工具。

5.辅导要求

(1)以项目组为单元组织实训,组建项目组时注重学生自身专业能力优势的搭配。

(2)项目设计及制作过程中注重集体辅导与个体辅导结合。

(3)在实训指导过程中除了共性问题的解决与分析外,还应该注重发挥学生的特长,突出个人的创作特点和风格。

(4)针对学生的绘制流程和方法、作品的内容与项目要求等方面分阶段进行点评。

6.实训任务

1)实施方式

学生6人一组,相互协作、交流、评价、学习,根据教师给定的户型图(见图3-实训2-2)进行餐厅立面设计。

图3-实训2-2 教师给定的户型图1

2)完成内容

(1)图纸内容:给定户型的餐厅立面,需明确表达出设施、配饰、材料等设计内容(出图比例自定)。

(2)文件型号:A4纸。

(3)表现方式:手绘或电脑制作,注意排版。

（4）完成时间：约 7 天。

实训3 卧室重点立面＋家具设计

1. 实训概述

墙壁约有 1/3 的面积被家具所遮挡，而人的视觉除床头上部的空间外，主要集中于室内的家具上。因此墙壁的装饰宜简单些，床头上部的主体空间可设计一些有个性化的装饰品，选材宜配合整体色调，烘托卧室气氛。

市场上可用于卧室墙面装饰的材料很多，如内墙涂料、PVC 墙纸以及玻璃纤维墙纸等，其共同特点是耐水、耐腐蚀，花色多，装饰效果好。在选择时，设计师应先考虑材料与房间色调及与家具是否协调的问题。卧室的色调应以宁静、和谐为主旋律。面积较大的卧室，选择墙面装饰材料的范围比较广；面积较小的卧室，小花、偏暖色调、浅淡的图案较为适宜。在选择卧室墙面的装饰材料时，设计师应充分考虑房间的大小、光线、家具的式样与色调等因素，使所选的装饰材料在花色、图案上与室内的环境和格调协调。材料的色彩宜淡雅一些，太浓的色彩一般难以取得较满意的装饰效果，选用时应注意。

卧室家具主要包括床、床头柜、梳妆台和衣柜等，要根据业主的个人爱好、修养等挑选，如图 3-实训 3-1 所示。对于大卧室，设计师可以选择成套的家具，这样用起来得心应手；对于小卧室，设计师可不必专门购置衣柜，可把衣柜和墙面进行一体设计，这种顶天立地的壁柜能有效地利用空间，起到很强的收纳作用。

图 3-实训 3-1　卧室的家具

2. 实训目的

（1）掌握对家庭成员的基本情况和卧室的实际情况进行分析的方法。

（2）掌握卧室立面设计风格、立面色彩与立面常用装饰材料的选择方法。

（3）掌握依据客户的要求，融入设计师的理念进行设计作品创作的方法。

（4）掌握卧室立面的多种表达方法及规范制图的方法。

3. 实训要求

（1）有较熟练的手绘能力和运用 AutoCAD、电脑效果图等电脑绘图软件进行设计的能力，能以多种形式表达设计意图和表现设计效果。

（2）了解卧室立面的设计程序，掌握卧室立面的设计原则和理念。

（3）设计中注重发挥自主创新意识。

（4）培养与客户交流沟通的能力及与项目组同事团队协作的精神。

4.实训场所及实训设备

实训场所:设计室、图书馆、资料室、机房。实训设备:电脑、扫描仪、打印机及相关材料、模型制作材料与工具。

5.实训任务

1)实施方式

学生 6 人一组,相互协作、交流、评价、学习,根据教师给定的户型图(见图 3-实训 3-2)进行卧室立面设计。

2)完成内容

(1)图纸内容:给定户型的卧室立面,不少于 12 个。

(2)文件型号:A4 纸。

(3)表现方式:手绘或电脑制作,注意排版。

(4)完成时间:约 7 天。

图 3-实训 3-2　教师给定的户型图 2

课题 2　立面的设计与立面图绘制

　　通过本课题的学习,掌握家居空间立面设计的色彩心理并能在设计中正确表达;了解家居空间立面与其他界面(顶面、地面)的联系;重点掌握家居立面图的设计与绘制方案,能在方案设计中熟练操作绘图软件进行图纸绘制。

学习任务

（1）家居空间重点立面的色彩心理。

（2）家居空间重点立面与其他界面的联系。

（3）家居空间重点立面图的设计与绘制。

任务分析

随着建筑技术的发展和生活水平的提高，人们对室内环境质量的要求越来越高，室内装饰设计原先简单的制图做法已经不能满足人们的需要，新的制图方法应运而生，以表达丰富的构思、材料及工艺要求。本课题主要针对立面图的设计与绘制，进行分析研究，要求学生最终能熟练掌握 CAD 制图的方法及技巧，为今后走上工作岗位打下坚实基础。

3.2.1 立面的色彩心理

1.色彩的心理效应

色彩的心理效应是人对色彩产生的感情。对于相同颜色，不同的人有不同的联想，从而产生不同的感情。所以色彩心理效应不是绝对的。色彩使人产生不同联想的主要因素有色相、明度、纯度、色调等。

色彩的心理效应从两个方面表现出来：一个方面是对视觉产生的美丑感；另一个方面是对人的感情产生的好恶性。美丑感就是悦目的程度，好恶性影响人的情绪，近而产生不同的联想和象征。对于色彩的好恶，不同性别、年龄、职业、民族的人的感受是不同的；在不同的时期，人们对色彩的爱好也有差异，所以产生了色彩的流行趋势，即流行色，这对室内设计人员来说很重要。如果不把握色彩的流行趋势，室内设计效果总有过时之感。下面，我们以不同颜色来说明这个问题。

1）红色

红色的光波最长，穿透力最强，它最易使人注意、兴奋、激动和紧张。人的眼睛不适应红光的长时间刺激，容易造成视觉疲劳。发光体的红光能传导热能，能使人感到温暖。总之，红色最富刺激性，最易使人产生热烈、活跃、美丽、动人、热情、吉祥、忠诚的联想。然而，红光又会使人联想到危险，又给人躁动和不安的感觉。

2）橙色

橙色的穿透力仅次于红色，它的注目性也较高，也容易造成视觉疲劳。橙色的温度感比红色更强，因为火焰在最高温度时是橙色。大自然中有许多果实都是橙色，所以它又被称为丰收色。因此，橙色很易使人联想到温暖、明朗、甜美、活跃、成熟和丰美。但是，橙色易使人感到烦躁。

3）黄色

黄色的明度很高，光感也很强，所以，照明光多用黄色。日光及大量人造光源都倾向于黄色。黄色又是普通的颜色，自然界许多鲜花都是黄色，许多动物的皮毛也是黄色。黄色给人光明、丰收和喜悦之感。

我国古代帝王以黄色象征皇权的崇高和尊贵。黄色被大量用在建筑、服饰、器物之上，成为皇室的主要代表色，这样就使黄色在中国人心中有一种威严感和神秘感。

4）绿色

在太阳投射到地球上的光线中，绿色光占了一半以上。人的眼睛最适应绿色光的刺激。由于对绿色的刺激反应最平静，绿光是最能使眼睛得到休息的光。植物给人带来清新的景致和新鲜的空气，绿色是春天和生命的代表色，是构成生机勃勃的大自然的总色调。所以，绿色很自然使人联想到新生、春天、健康、永恒、和平、安宁和智慧。

5）蓝色

蓝色的光波较短,穿透力弱,蓝光在穿过大气层时大多被折射而留在大气层中,使天空呈现蓝色,所以天蓝色富有空间层次感。海洋由于吸收了天空的蓝色也呈现出蓝色。所以蓝色很容易使人联想到广大、深沉、悠久、纯洁和理智。蓝色又是一种极为冷静的颜色,所以又易使人联想到冷淡、阴郁和贫寒。

6）紫色

紫色的光波最短,再短些就是人眼睛看不见的紫外光了。紫色光不导热,也不照明,眼睛对它的知觉度低、分辨率弱,容易感到疲劳。然而明亮的紫色好像天上的霞光、原野的玫瑰,使人感到美妙和兴奋。所以我国古代有"紫色东来"之说,赋予紫色祥瑞的感情色彩;古代祭神、祭天的建筑顶也采用紫色以象征高贵。所以紫色使人感到美妙、吉祥、高贵;紫色还具有阴沉的特点,也可使人联想到阴暗、险恶的一面。

此外,白色表示纯洁、清白、朴素,也可以使人感到悲哀和冷酷。灰色表示朴素、平凡、中庸,也能使人感到空虚、沉闷、忧郁和绝望。黑色使人感到坚实、含蓄和肃穆,也可使人联想到黑暗和罪恶。

色彩引起的心理效应,还与历史时期、地理位置、民族、宗教习惯有关。

2．色彩的心理效应与联想

1）色彩的情感性

色彩不仅有悦目性,而且有情感性。人的情感虽各有差异,但一般来说也有共性,色彩引发的共同性情感大致可有以下几种。

（1）兴奋与镇静。通常暖色易使人兴奋,冷色易使人镇静。另外,明度和彩度高的颜色也易使人兴奋,相反,比较暗、灰的颜色易使人沉静。同时,如果有几种色彩,它们的色相、明度和彩度的对比都很强烈,也易使人产生兴奋感,反之易使人产生沉静感。

（2）轻快与滞重感。一般明色有轻快感,暗色有滞重感。若明度相同,不同的彩度也使人产生不同感觉。彩度高的颜色要轻快些;如果明度和彩度相同,冷色要使人感到轻快些。

（3）华丽与素雅。色相变化多、彩度高且明快的颜色,能给人华美和富丽堂皇的感觉,反之,色相单调和彩度低的颜色,使人感觉素雅。在明度方面,明色华丽,暗色朴素。在彩度方面,彩度高的颜色华丽,彩度低的颜色朴素。金色、银色也是华丽的,但其中如加入黑色,则华丽中亦显出素雅。

（4）开朗与沉郁。明亮的色彩有开朗感,暗色则使人感到沉郁。以红、橙、黄等暖色为主的纯度和明度高的色彩显得活泼,以蓝、紫等冷色为主的纯度和明度都不高的色彩显得沉郁。

这些都是以明度为主,伴随着纯度的高低和色性的冷暖产生的影响。

从色彩的属性看,人对色彩的情感也有普遍性和共同性,如表 3-2-1 所示。

表 3-2-1　人对色彩的基本感受（摘自《室内设计师手册》,高祥生主编）

色彩的属性		人对色彩的基本感受
色相	暖色系	温暖、活力、喜悦、甜蜜、热情、积极、活泼、华丽、浮躁、激进
	中性色系	稳定、平凡、折中、谦和
	冷色系	寒冷、消极、沉着、深远、理智、休息、幽静、肃静、阴险、冷酷
明度	高明度	轻快、明朗、清爽、单薄、软弱、优美、女性化
	中明度	平和、保守、稳定
	低明度	厚重、阴暗、压抑、硬、迟钝、安定、个性、男性化
彩度	高彩度	鲜艳、刺激、新鲜、活泼、积极、热闹、有力量
	中彩度	平常、中庸、稳健、文雅
	低彩度	低刺激、陈旧、寂寞、老成、消极、朴素

2)色彩的象征性

（1）色彩的象征。

某种色彩约定俗成地经常表示某种特定内容，即色彩的象征性，它是色彩情感的升华。

色彩的象征性往往是多义的，如我国在传统上以色彩代表方位、等级、四时、五行、气氛等。同时，色彩对事物的象征具有两面性，有积极方面的意义，也有消极方面的意义，如表 3-2-2 所示。

表 3-2-2　色彩的象征性（摘自《室内设计师手册》，高祥生主编）

色彩	象征	
	积极方面	消极方面
红	热情、革命	危险、极端
橙	富丽、温情	嫉妒、浮躁
黄	光明、幸福	低俗、浅薄
绿	和平、成长	幼稚、生腻
蓝	沉静、遥远	冷淡、平庸
紫	优雅、高贵	神秘、孤傲
白	纯洁、神圣	虚无、死亡
灰	平凡、朴素	忧郁、呆滞
黑	严肃、坚毅	死亡、恐怖

有的色彩的象形性是共同的，可在全世界通用，但多数色彩的象征性因地域、民族、宗教、文化、风俗而异，如表 3-2-3 所示。

表 3-2-3　色彩在各国的象征（摘自《室内设计师手册》，高祥生主编）

色彩	中国	日本	欧美	古埃及
红	南方、火	火、敬爱	圣诞节	人
橙			万圣节	
黄	中央、土	风、增益	复活节	太阳
绿			圣诞节	自然
蓝	东方、木	天空、事业	新年	天空
紫			复活节	地
白	西方、金	水、清净	基督	
灰				
黑	北方、水	土、降伏	万圣节前夜	

（2）色彩的爱憎。

人对色彩的喜爱是由多种因素决定的，包括历史、生活环境、风俗习惯、性别、年龄等因素，还包括文化传统、宗教信仰、经济条件、生理、职业、教育等因素。我们列出世界各民族喜爱的色彩，如表 3-2-4 所示。

表 3-2-4　世界各民族喜爱的色彩（摘自《室内设计师手册》，高祥生主编）

民族	喜爱的色彩	民族	喜爱的色彩
中华民族	红、黄、蓝、白	拉丁民族	橙、黄、红、黑、灰
印度民族	红、黑、黄、金	日耳曼民族	蓝绿、蓝、红、白
斯拉夫民族	红、褐	非洲民族	红、黄、蓝

3.室内主要空间色彩设计

1)卧室色彩

卧室是人们睡眠、休息的地方,对色彩的要求较高。不同年龄的人对卧室色彩的要求差异较大。卧室的色彩不宜过重,对比不要太强烈,宜选择优雅、宁静、自然的色彩,如图3-2-1所示。

2)起居室色彩

起居室是室内空间中展示性最强的空间,色彩运用也最为丰富。起居室的色彩要以反映主人的审美、品味出发,可以有较大的色彩跳跃和强烈的对比,突出重点装饰部位,如图3-2-2所示。

图3-2-1 卧室色彩(摘自网络)　　　　　图3-2-2 起居室色彩(摘自网络)

3)餐厅色彩

餐厅是进餐的专用场所,一般应选择暖色调,突出温馨、祥和的气氛,便于清理,如图3-2-3所示。餐厅总体宜采用较深的颜色,但局部应配浅黄、白色等反映清洁、卫生的颜色。餐厅的地面宜选择深红、深橙色装饰。墙壁的色彩可以较为多样,一种设计是对比度大,反映家庭个性;另一种设计是选择平淡,以控制情绪为主。

4)厨房色彩

厨房是制作食品的场所,颜色表现应以清洁、卫生为主,如图3-2-4所示。由于厨房在使用中易产生污渍,需要经常清洗,厨房色彩应以白、灰色为主。地面颜色不宜过浅,可采用深灰等耐污性好的颜色;墙面颜色宜以变色为主,便于清洁整理;顶部颜色宜采用浅灰、浅黄等颜色。

图3-2-3 餐厅色彩(摘自网络)　　　　　图3-2-4 厨房色彩(摘自网络)

5)书房色彩

书房是认真学习、冷静思考的空间,一般应以蓝、绿等冷色调为主,以利于创造安静、清爽的学习氛围。书房的色彩绝不能过重,对比也不应强烈,悬挂的饰物应以柔和的字画为主,如图3-2-5所示。

图 3-2-5　书房色彩（摘自网络）

6）卫生间色彩

卫生间是洗浴的场所，也是一个清洁、卫生要求较高的空间。瓷砖的大小与卫生间的大小成正比关系，花纹不宜太浮躁与明显。总体上，大部分的卫生间都可使用水蓝色调、草绿色调与暖白色调，如图 3-2-6 所示。

图 3-2-6　卫生间色彩（摘自网络）

3.2.2　立面与其他界面的联系

1. 色彩上的联系

在居室中，立面的位置在顶面与地面之间。在进行色彩设计时，立面颜色深浅程度也应介于二者之间。顶面需要有强烈的反光，以便照亮整个空间，所以顶面所用色彩应是浅色，主要以白色为主；地面在空间的最下方，依据上轻下重、上浅下深的视觉规律，地面色彩可以采用深色，主要以褐色、深灰等颜色为主；立面的颜色不宜太深或太浅，宜采用中间色调，如图 3-2-7 所示。

2. 材料上的联系

在界面的材料设计中，对于一样的饰面材料，在考虑方案时，设计师要注意材料的接缝、对花及间隔问题；对于不同材料的衔接，设计师要考虑材料接缝问题，使各种材料能够完整连接，使界面完整、连贯。

图 3-2-7　中间色调的立面（摘自《主墙设计 500》,台湾麦浩斯《漂亮家居》编辑部编）

　　界面常用的材料衔接手法是用各种压线将材料接头遮盖,如图 3-2-8 所示。压线根据用材可分为木线、石膏线、石材线、灰线、塑料线等。压线可以根据遮盖的位置划分:一是阳角线,主要装饰界面相交后形成的 90°凸出处;二是阴角线,主要装饰界面相交后形成的 90°凹入处;三是平板线,主要装饰各种板材平面对接后留下的缝隙。

　　从室内界面的具体应用看,在界面的边缘,不同材料的交接处一般都要做收头或压线处理。平板线中最常见的一种是踢脚线,它常作为地面与墙面交接处的压线。阴角线常见的线形是棚角线,它是墙面与顶棚交接的压线。阳角线作为界面转折处常用的压线,也有在界面转角处作为压线的情况。

　　材料的交接使界面上产生了许多线条。各种线有规律的组合会产生明显的感情意味,水平线给人以安宁感;垂直线则有均衡、稳定感;斜线具有动感、不稳定的感觉。

图 3-2-8　立面与顶面的衔接（摘自《主墙设计 500》,台湾麦浩斯《漂亮家居》编辑部编）

3.结构上的联系

　　空间界面在结构上运用多种方式连接:有的是结构上的连接;有的是面与面自然连接、过渡;有的是根据层次变化进行连接;有的是形状的连接。总之,连接方式甚多,可以产生不同的变化,如图 3-2-9 所示。

图 3-2-9　结构上的联系(摘自网络)

3.2.3　立面图的设计与绘制

1.立面图的设计

住宅室内装修立面图,主要用来表达内墙立面的造型、所用材料的规格、色彩、施工工艺,以及装修构件。住宅室内装修立面图有 3 种常用的表示方法。

(1)设想将室内空间垂直剖开,移去剖切平面前面的部分,对余下部分进行正投影。所表示的图像的进深感较强,能反映顶棚的逐级变化。由于在平面布置图上没有剖切符号,仅用投影符号表明视向,剖面图示较难与平面图和顶棚平面图对应。

(2)设想将室内各墙面沿面与面相交处拆开,移去暂时不予图示的墙面,将剩下的墙面及其装修布置,向铅直投影面进行投影。这种立面图不出现剖面图像,只出现相邻墙面及其上装修构件与该墙面的表面交线。

(3)设想将室内各墙面沿某轴阴角拆开,依次展开,直至都平行于同一铅直投影面,形成立面展开图。这种立面图能将室内各墙面的装修效果连贯地进行表达,便于研究各墙面之间的统一与反差及相互衔接关系,对住宅室内装修设计与施工有着重要作用。

2.立面主要内容及制图要求

1)主要内容

住宅室内装修立面图主要用于表明建筑内部某装修空间的立面形式、尺寸及室内配套布置等内容。

2)制图要求

住宅室内装修立面图应标明以下要素。

①图名、比例和立面图两端的定位轴线及其编号。立面图应根据空间名称、所处楼层等确定名称。立面图可根据空间尺度及表达内容的深度来确定比例。常用比例为 1∶25、1∶30、1∶40、1∶50、1∶100 等。

②以室内地面为标高零点的相对标高,并以此为基准来标明立面图上其他相关部位的标高。

③室内立面装修的造型和式样,并用文字说明其饰面材料的品名、规格、色彩和工艺要求。

④室内立面装修造型的构造关系与尺寸。

⑤各种装修面的衔接收口形式。

⑥室内立面上各种装饰品(如壁画、壁挂、金属字等)的式样、位置和尺寸。

⑦门窗、花格、装修隔断等设施的高度尺寸和安装尺寸。

⑧室内景园小品或其他艺术造型体的立面形状和位置。

⑨室内立面上的设备及其位置和规格。

⑩表明详图所示部位及详图所在位置。作为基本图的装修剖面图的剖切符号一般不应在立面图上标注。

住宅室内装修立面图的线型选择和建筑立面图基本相同,但细部描绘更应力求概括,为增加效果的细节描绘均应以细淡线表示。

住宅室内装修立面图例如图 3-2-10 所示。

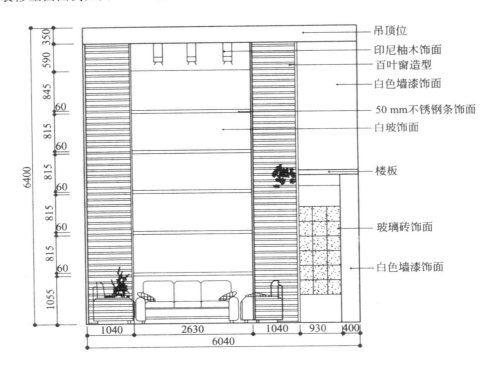

图 3-2-10　住宅室内装修立面图例

实训4　室内空间立面设计

1. 实训目的

通过完成本设计任务,掌握室内立面图的设计与绘制方法,熟练掌握运用 CAD 制图软件绘制立面图的方法与技巧。

2. 设计条件

(1)空间:实体住宅平面图 1 份(见图 3-实训 4-1)。

(2)使用者:虚拟或根据实际情况确定。

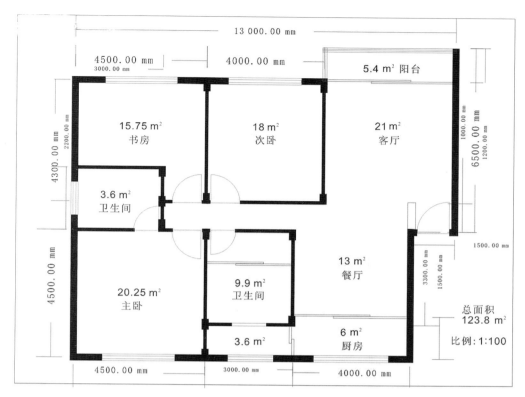

图 3-实训 4-1　住宅平面图

3.实训任务

1)实施方式

学生 6 人一组,相互协作、交流、评价、学习,小组成员独立完成设计内容。

2)完成内容

(1)文件。

①文件内容:户型图纸目录表。

②文件型号:A4 纸。

③文件格式:自行设计。

(2)资料。

①资料内容:临摹立面图若干、收集资料。

②资料形式:书籍、电子文件等。

(3)图纸。

①图纸内容:给定户型中的所有空间的所有立面。

②表现方式:电脑制作。

3)完成时间

完成时间约 7 天。

4.案例分析

立面图的设计与绘制要严格遵守制图规范,按照国标要求完成。我们通过以下案例分析售楼处样板间的立面图,了解立面图的绘制规范,如图 3-实训 4-2 至图 3-实训 4-7 所示。

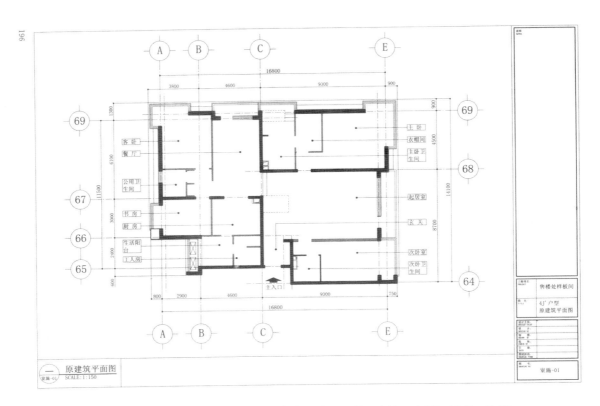

图 3-实训 4-2　原建筑平面图（摘自《室内设计工程制图方法及实例》，赵晓飞编著）

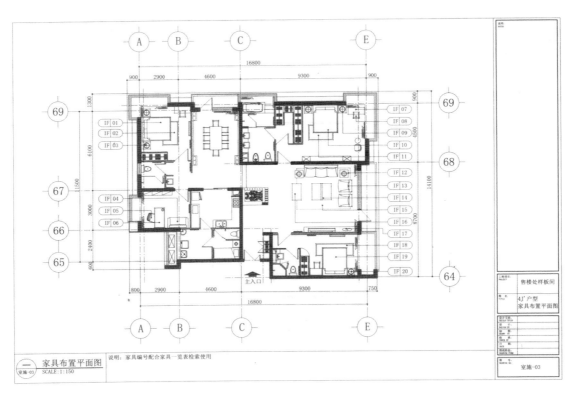

图 3-实训 4-3　家具布置平面图（摘自《室内设计工程制图方法及实例》，赵晓飞编著）

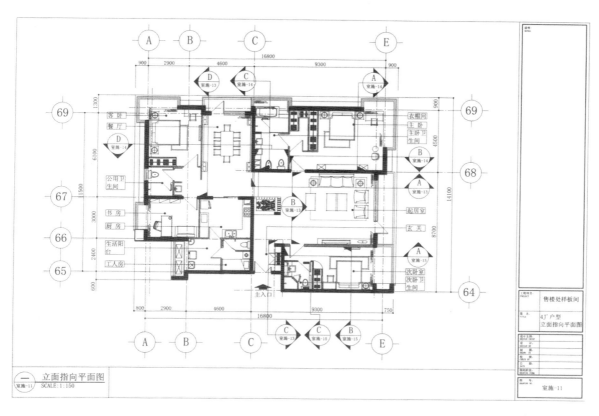

图 3-实训 4-4　立面指向平面图(摘自《室内设计工程制图方法及实例》,赵晓飞编著)

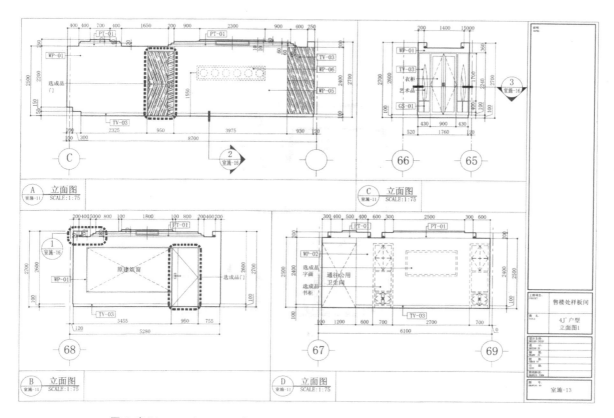

图 3-实训 4-5　立面图 1(摘自《室内设计工程制图方法及实例》,赵晓飞编著)

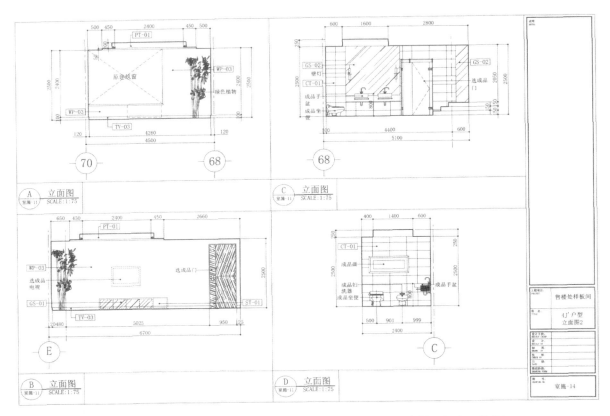

图 3-实训 4-6　立面图 2(摘自《室内设计工程制图方法及实例》,赵晓飞编著)

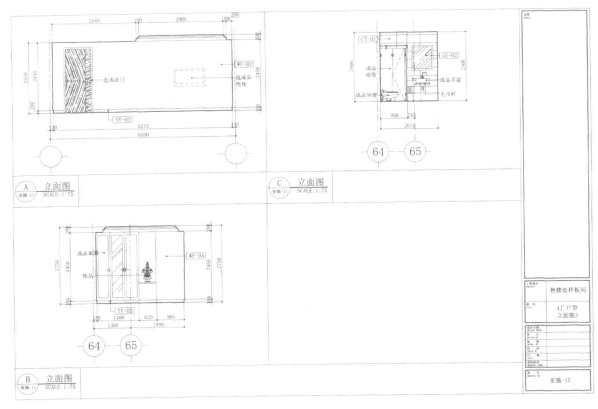

图 3-实训 4-7　立面图 3(摘自《室内设计工程制图方法及实例》,赵晓飞编著)

模块四　家居空间顶面造型设计

课题 1　顶面造型与照明设计

　通过顶面造型与照明原理的学习,使学生能够运用正确的装饰材料进行不同功能空间的顶面设计。

　(1)掌握各类吊顶造型特点。
(2)了解照明方式、吊顶与材料的关系。

　通过对顶面的造型设计、照明设计的学习,能够依据空间的建筑结构和室内风格设计各空间的顶棚。

4.1.1　顶面造型设计

顶面造型设计,是室内设计的重要部分之一。吊顶在整个居室装饰中占有相当重要的地位。对居室顶面进行适当的装饰,不仅能美化室内环境,还能营造出丰富多彩的室内空间艺术形象。在选择吊顶装饰材料与设计方案时,设计师要遵循既省材、牢固、安全,又美观、实用的原则。

1.按照形式分类

1)平面式吊顶

平面式吊顶是指表面没有任何造型和层次的吊顶。这种吊顶构造平整、简洁、利落大方,材料也比其他形式的吊顶省,适用于各种居室的吊顶装饰,尤其是层高不高的空间,如图 4-1-1 所示。

2)凹凸式吊顶

凹凸式吊顶(通常叫造型顶)是指表面具有凹入或凸出构造的一种吊顶形式。这种吊顶造型复杂、有变化、层次感强,适用于起居室、门厅、餐厅等顶面装饰,常与灯具(吊灯、吸顶灯、筒灯、射灯等)搭配使用,如图 4-1-2 和图 4-1-3 所示。

3)悬吊式吊顶

悬吊式吊顶是将各种板材、金属、玻璃等悬挂在结构层上的一种吊顶形式。这种吊顶富有变化动感,给人一种耳目一新的美感,常用于宾馆、音乐厅、展馆、影视厅等吊顶装饰,常通过各种灯光照射产生别致的造型,体现光影的艺术趣味,如图 4-1-4 所示。

4）井格式吊顶

井格式吊顶是利用井字梁因形利导或为了顶面的造型制作假格梁的一种吊顶形式。这种吊顶配合灯具，以及单层、多种装饰线条进行装饰，丰富顶棚的造型或对居室进行合理分区，如图 4-1-5 和图 4-1-6 所示。

图 4-1-1　平面式吊顶体现出工作室的简洁

图 4-1-2　凹凸式吊顶将狭窄、单调的过道空间变得有韵律

图 4-1-3　凹凸式吊顶使起居室变得大气、有层次

图 4-1-4　悬吊式吊顶将厨房空间营造得洁净、清爽

图 4-1-5　富有创意的井格式吊顶较好地营造出过道空间

图 4-1-6   叠层的黑色井格式吊顶体现理性与现代

5）玻璃式吊顶

玻璃式吊顶是利用透明、半透明或彩绘玻璃作为顶面的一种吊顶形式。这种吊顶的主要作用是采光、观赏和美化环境，可以做成圆顶、平顶、折面顶等形式，给人明亮、清新、室内见天的神奇感觉，如图 4-1-7 所示。

(a)圆形玻璃式吊顶   (b)彩绘玻璃式吊顶

图 4-1-7   玻璃式吊顶

2.按照使用材料分类

按照使用材料分类，吊顶可以分为轻钢龙骨石膏吊顶、石膏板吊顶、夹板吊顶、异形长条铝扣板吊顶、方形镀漆铝扣板吊顶、彩绘玻璃吊顶、铝蜂窝穿孔吸音板吊顶。

3.顶面设计要求

（1）要遮挡结构构件、设备管道和装置。

（2）对于有声学要求的房间吊顶的表面形状和材料应根据音质要求考虑。

（3）吊顶是室内装修的重要部位，应结合室内其他界面进行统筹考虑；装设在顶棚上的各种灯具和空调风口应成为吊顶装修的有机整体。

（4）要便于维修隐藏在吊顶内的各种装置和管线。

（5）吊顶应便于工业化施工，尽量避免湿作业。

4.顶棚的装饰构造

室内的顶面造型设计离不开顶棚的装饰构造。顶面的设计包括材料的选择、色彩的搭配以及构造方式的设计,室内设计必须以装饰材料为物质载体,使装饰构造的施工得以实现。因此顶棚的装饰构造设计是顶棚设计的重要环节,也是后期顶棚大样图、剖面图设计的准备工作。

1)顶棚装饰构造形式

①按构造显露状况可分为开敞式和隐蔽式。

②按面层和龙骨的关系可分为固定式和活动式。

③按承受荷载的大小可分为上人顶棚和不上人顶棚。

④按施工方法可分为抹灰涂刷类、裱糊类、贴面类、装配类等。

⑤按装饰饰面与结构基层关系可分为直接式和悬吊式。

2)顶棚装饰构造方法

除直接式顶棚是将房间上部的屋面或楼面的结构底部直接进行抹灰、裱糊、粘贴处理外,其他顶棚基本都由吊筋、龙骨和饰面层组成。这几个部分都有各自不同的做法,在不同的环境和条件下,设计师可以对这几个部分综合考虑,得出比较适宜的构造方法。

吊筋又叫悬索,是将顶棚与屋顶进行连接的构件,根据条件不同有多种安装方法,如图 4-1-8 至图 4-1-11 所示。

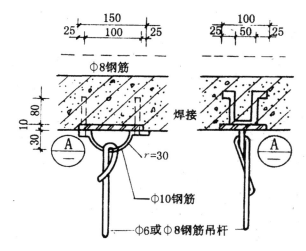

图 4-1-8　预埋铁件固定吊筋

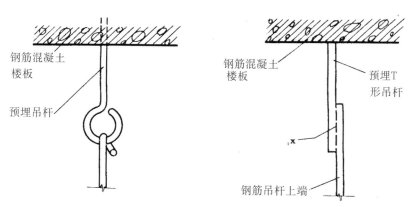

图 4-1-9　预埋吊杆固定吊筋

龙骨(见表 4-1-1)是连接吊筋与饰面层的关键部分。目前常见的龙骨是轻钢龙骨,少数设计使用木龙骨,如图 4-1-12 和图 4-1-13 所示。吊筋与龙骨可以钉接、挂接、胶接。

饰面层安装在龙骨上,形式和材料多样,如装饰石膏板面层、木质纹理饰面层、玻璃面层、金属面层等。

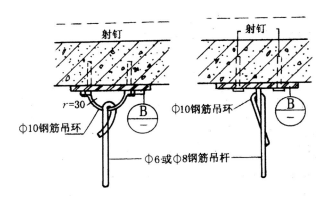

图 4-1-10　射钉固定钢板或角钢,再固定吊筋

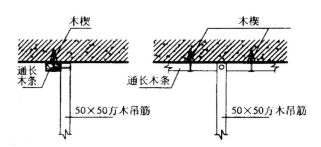

图 4-1-11　木楔固定钢板或角钢,再固定吊筋

表 4-1-1　龙骨式样、尺寸

	主龙骨			次龙骨		
	尺寸骨	截面骨	间距骨	尺寸骨	截面骨	间距骨
木龙骨	50×70 50×100		100 左右	50×50		300～600 根据板材尺寸定
轻钢龙骨	38 系列 50 系列 75 系列		900～1200	38 系列 50 系列 75 系列		400～600
铝合金龙骨	38 系列 50 系列 75 系列		900～1200	38 系列 50 系列 75 系列		400～600

4.1.2　照明设计

1. 室内采光照明的基本概念与要求

在室内设计中,光不仅能满足人们视觉功能的需要,而且是一个重要的美学因素。光和室内其他构成元素一样,可以形成空间、改变空间、塑造空间和诠释空间,直接影响人对物体大小、形状、质地和色彩的感知,有利于人们的工作、休息和娱乐,而且能以美的形式使人产生良好的情绪。

1)照度、光色、亮度

光和影能给静止的空间增加动感,给无机的墙面增添色彩,能使材料更有质感。室内空间的光影借助各种形式的照明装置,时而表现光,时而表现影。生动的光影效果能为室内空间注入活力,丰富空间的内涵。

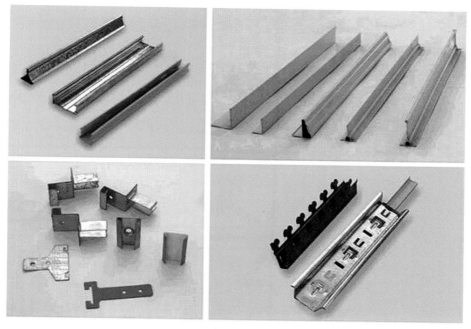

图 4-1-12　金属龙骨

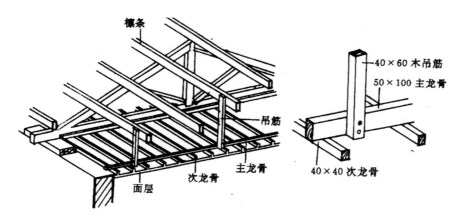

图 4-1-13　木龙骨顶棚构造

光就像人们已知的电磁能一样,是一种能的特殊形式。

照度:以光通量作为基准单位来衡量,表示工作面被照明的程度,单位是勒克斯 lx。

光通量的单位为流明,光源的发光效率的单位为流明/瓦特。

光色:光色主要取决于光源的色温,影响室内的气氛。

亮度:亮度作为一种主观的评价和感觉,和照度的概念不同,它表示由被照面的单位面积所反射出来的光通量,也就是光源单位面积的发光强度,单位是 cd/m^2,因此与被照面的反射率有关。

2)色温

一个物体被加热到一定温度时开始发出暗红色光,温度再升高时,光的颜色逐渐变成黄白色、白色、蓝白色。发出某颜色光时物体的温度称为该颜色的色温,单位是开尔文。低色温的光是暖色光;高色温的光是冷色光。

光源的色温与照度适应,一般高色温、高照度和低色温、低照度的环境让人觉得比较舒适。低色温、高照度环境呈现闷热的气氛;高色温、低照度环境呈现阴郁的气氛。

3)材料的光学性质

前面我们提到过,材料是实现室内设计思想的物质载体。在室内照明设计中,我们不能不考虑材料的光学性质。光遇到物体后,某些光线被反射,成为反射光;某些光线被物体吸收,转化为热能,成为吸收光,吸收光使物体温度上升,并把热量辐射至室外;有些光的光通量总和等于入射光通量,成为入射光。入射光、反射光、吸收光如图 4-1-14 所示。

光射到表面光滑的不透明材料(如镜面或金属镜面)上时,会产生定向反射;光射到不透明的粗糙表面时,会产生漫反射。

不同材料的光学性质及透明材料的透射系数如表 4-1-2 和表 4-1-3 所示。

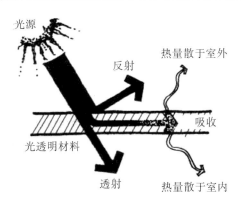

图 4-1-14　入射光、反射光、吸收光

表 4-1-2　不同材料的光学性质

表面粗糙材料		表面光滑材料	
内容	反射图解	内容	反射图解
粗砖、混凝土、低光泽的平涂料、石灰石、白灰粉刷、低光泽的塑料制品(丙烯腈-丁二烯-苯乙烯共聚物、三聚氰胺甲醛塑料、聚氯乙烯)、砂石、粗木材	漫射光　粗糙面	抛光铝、亮(磁)漆、玻璃、磨光大理石、抛光塑料、不锈钢、水磨石、马口铁、油光木材	光滑面 ($\alpha = \beta$)

表 4-1-3　透明材料的透射系数

透射形式	图解	透明材料	透射系数/(%)
直接透射	光亮玻璃	透明玻璃或塑料	80~94
		蓝色的透明玻璃或塑料	3~5
		红色的透明玻璃或塑料	8~17
		绿色的透明玻璃或塑料	10~17
		淡黄色的透明玻璃或塑料	30~50
扩散透射	毛玻璃　散射光	毛玻璃、朝向光源	82~88
		毛玻璃、远离光源	63~78

续表

透射形式	图解	透明材料	透射系数/(%)
漫透射	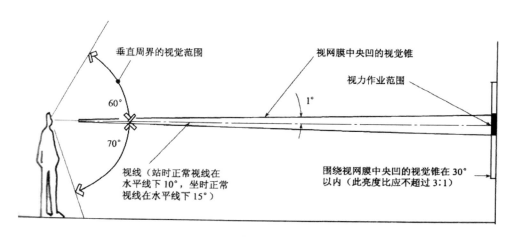 玻璃纤维增强塑料　漫射光	细白石膏	20～50
		玻璃砖	40～75
		大理石	5～40
		塑料(玻璃纤维增强塑料)	30～65

2.照明的控制

1)眩光的控制

亮度太大的光称为眩光,眩光与光源亮度、人的视觉有关。图 4-1-15 所示为成年人坐、立时的视角范围。室内照明设计要尽量避免眩光。

引起眩光的条件主要有以下四种:

①光源周围环境过暗,越暗越刺眼;

②光源的亮度越高越刺眼;

③光源越大越刺眼;

④光源离视线越近越刺眼。

图 4-1-15　成年人坐、立时的视觉范围

眩光的控制方法(见图 4-1-16 至图 4-1-18)如下。

①适当提高环境亮度,降低环境的亮度比。

②采用遮阳的方法,避免直射眩光进入人眼。当光源处于眩光区之外,即在视平线 45°之外,眩光就不严重,遮光灯罩可以隐蔽光源,避免眩光。决定了人的视点和工作位置后,设计师就可以找出引起反射眩光的区域,不在此区域内布置光源。倾斜的工作面与平面相比,不宜布置光源的区域小。

③工作面采用粗糙材料,减少反射眩光的产生。

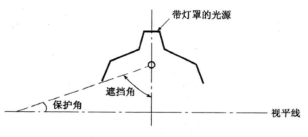

图 4-1-16　遮光罩的遮光范围

2)光源亮度比的控制

光源亮度比的控制是指控制整个室内的合理的亮度比例和照度分配,与灯具布置方式有关。

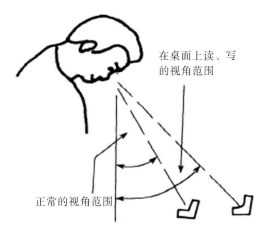

图 4-1-17　读、写、工作时的正常视角范围

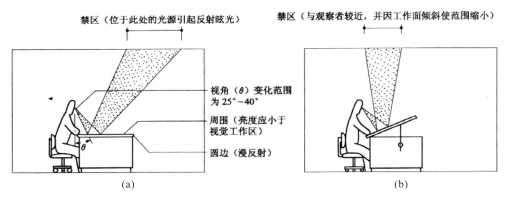

图 4-1-18　不应布置光源的区域

（1）一般灯具布置方式。

①整体照明：特点是常采用匀称的镶嵌于顶棚上的固定照明，如图 4-1-19 所示。这种形式为照明提供了一个良好的水平面，使工作面上照度均匀，使光线经过的空间没有障碍，使任何地方都光线充足，便于任意布置家具，适合将空间和照明结合，但是耗电量大，在能源紧张的条件下是不经济的，否则就要将照度降低。这种灯具布置方式一般适合办公空间、商业空间等公共空间。

图 4-1-19　整体照明

②局部照明:为了节约能源,在有工作需要的地方才设置光源,还可以提供开关和灯光减弱装备,使照明水平能适应不同变化的需要,如图 4-1-20 所示。

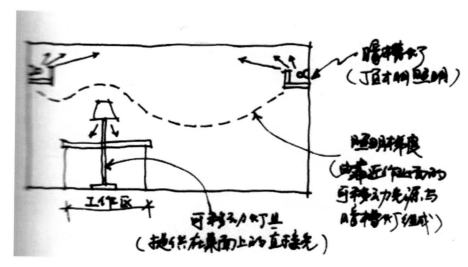

图 4-1-20 局部照明

③整体与局部混合照明:为了改善上述照明的缺点,将 90%～95% 的光用于工作照明,将 5%～10% 的光用于环境照明,如图 4-1-21 所示。

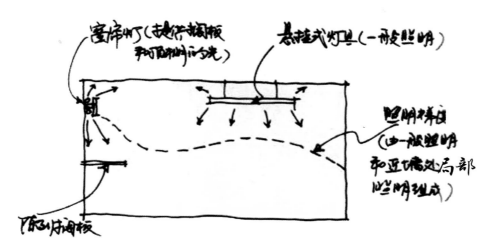

图 4-1-21 整体与局部混合照明

④成角照明:采用特别设计的反射罩,使光线射向主要方向的一种方式。这种照明是由于墙表面的照明和对表现装饰材料质感的需要发展起来的,如图 4-1-22 所示。

(2)照明地带分区。

①顶棚地带:常用一般照明或工作照明。由于顶棚所处位置的特殊性,顶棚对照明的艺术作用有重要的影响。

②周围地带:处于经常的视野范围内,照明应特别需要避免眩光,并希望简化。周围地带的亮度应大于顶棚地带,否则将造成视觉的混乱,妨碍对空间的理解和对方向的识别,妨碍对有吸引力的趣味中心的识别。

③使用地带(如地面):使用地带的工作照明是需要的,不同工作场所一般有不同的最低照度标准。

以上三种地带的照明应保持平衡,一般使用地带的照明与顶棚地带、周围地带的照明之比为(2～3):1或更少一些,视觉变化才趋于最小。

(3)室内各部分最大允许亮度比如下:

①视力作业与附近工作面最大允许亮度比为 3:1;

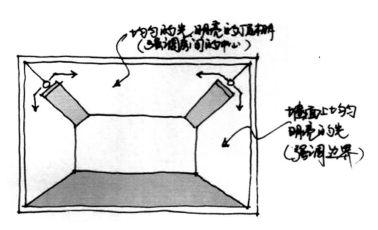

图 4-1-22　成角照明

②视力作业与周围环境最大允许亮度比为 10∶1；

③光源与背景最大允许亮度比为 20∶1；

④视野范围内最大允许亮度比为 40∶1。

3.室内采光部位与照明方式

1)采光部位与光源类型

(1)采光部位。

利用自然采光,不仅可以节约能源,而且在视觉上使人更为习惯和舒适,在心理上使人能和自然接近、协调,使人可以看到室外景色,更能满足人精神上的要求。室内采光效果,主要取决于采光部位、采光口的面积和布置形式。自然采光一般分为侧光、高侧光和顶光三种形式。

室内采光还受室外环境和室内界面装饰处理的影响,如室外邻近的建筑物,既可阻挡日光的射入,又可从墙面反射一部分日光进入室内。此外,窗对于室内来说,可视为一个面光源,它通过室内界面的反射,增加室内的照度。由此可见,进入室内的日光由三部分组成:直接天光、外部反射光、室内反射光。

图 4-1-23 所示为不同黑白表面对工作照明的影响。从图中可见,顶棚对反射光的作用最大,地面对反射光的作用最小。一般白色表面的反射系数约为 90%,黑色表面的反射系数约为 20%。

此外,窗子的方位也影响室内采光:窗子面向太阳时,室内接收的光线要比窗子面向其他方向时多。窗子采用的玻璃材料的透射系数不同,室内的采光效果也不同。

(2)光源类型。

光源可以分为自然光源和人工光源。自然光源主要是日光;人工光源主要是白炽灯、荧光灯、氖管灯、高压放电灯。家庭和一般公共建筑所用的主要人工光源是白炽灯和荧光灯。

①白炽灯的优点:光源小、便宜;通用性强、颜色多;具有定向、散射、漫射等多种形式;能用于加强物体的立体感;光色最接近太阳光色。

白炽灯的缺点:节能性能较差;寿命相对较短。

②荧光灯:具有优异的流明维持率,光效高,节能,寿命高。

③氖管灯(霓虹灯):多用于商业标志和艺术照明。

④高压放电灯:一直用于工业和街道照明。

不同类型的光源,具有不同光色和显色性能,对室内的气氛和物体的色彩产生不同的效果和影响,应按不同需要选择。

2)照明方式

照明方式按灯具的散光方式分为以下几种。

(1)间接照明。

间接照明是指将光源遮蔽,把 90%～100% 的光射向顶棚、穹窿或其他表面,让光从这些表面反射至室内。间接照明紧靠顶棚时,几乎无阴影,是最理想的整体照明。

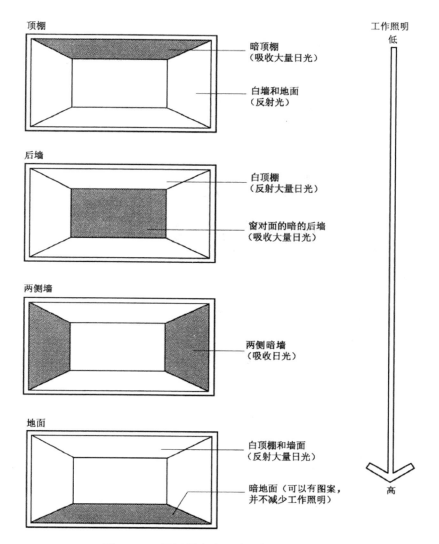

顶棚

暗顶棚
（吸收大量日光）

白墙和地面
（反射光）

后墙

白顶棚
（反射大量日光）

窗对面的暗的后墙
（吸收大量日光）

两侧墙

两侧暗墙
（吸收日光）

地面

白顶棚和墙面
（反射大量日光）

暗地面（可以有图案，
并不减少工作照明）

工作照明

低

高

图 4-1-23 不同黑白表面对工作照明的影响

（2）半间接照明。

半间接照明将 60％～90％的光向顶棚或墙上部照射，把顶棚作为主要反射面，将 10％～40％的光直接照于工作面。具有漫射的半间接照明灯具，对阅读和学习有益。

（3）直接间接照明。

直接间接照明装置，对地面和顶棚提供近于相同的照度，即均为 40％～60％，而周围光线只有很少一点。

（4）漫射照明。

这种照明装置，对所有方向的照明几乎都一样。为了控制眩光，漫射装置圈要大，灯的功率要低。

（5）半直接照明。

在半直接照明灯具装置中，有 60％～90％的光向下直射到工作面，其余 10％～40％的光则向上照射，由下照明软化阴影的光的百分比很小。

（6）宽光束的直接照明。

具有强烈的明暗对比，并可造成有趣、生动的阴影，由其光线直射于目的物，产生强的眩光。导轨式照明属于这一类。

（7）高集光束的下射直接照明。

因高度集中的光束而形成光焦点，可用于突出光的效果和强调重点，它可提供在墙上或其他垂直面上充足的照度,但应防止过高的亮度比。

为了避免顶棚过亮,下吊的照明装置的上沿至少低于顶棚30.5~46 cm。

4.室内照明的作用与艺术效果

无论是公共场所还是家庭,光的作用影响每一个人。室内照明设计就是利用光的特性,创造所需要的光的环境,通过照明充分发挥其艺术作用。艺术效果表现在以下四个方面。

1)创造气氛

光的亮度和色彩是决定气氛的主要因素。适度、愉悦的光能激发和鼓舞人心,柔弱的光令人轻松且心旷神怡。光的亮度也会对心理产生影响,加强私密性的谈话区可以将亮度减少到功能强度的1/5。光线弱的灯和位置布置得较低的灯可以形成较暗的阴影,使顶棚显得较低,使房间显得更亲切。

室内的气氛也由于不同的光色而变化。餐厅、娱乐场所等,常使用暖色,使整个空间具有温暖、欢乐、活跃的气氛。由于光色的加强,光的相对亮度减弱,使空间显得亲切。卧室常使用暖色光,显得更加温暖和睦。冷色光在夏季也会让人感觉到清凉舒爽。

2)加强空间感和立体感

空间的不同效果,可以通过光的作用充分表现出来。室内空间的开敞性与光的亮度成正比,亮的房间空间感觉要大,暗的房间空间感觉要小。充满房间的无形的漫射光,也使空间有无限的感觉。直接光能加强物体的阴影;光影对比能加强空间的立体感。

我们可以利用光的作用,来加强希望被注意的地方,如趣味中心;也可以削弱不希望被注意的次要地方,从而进一步使空间得到完善和净化。照明也可以使空间变实或虚。许多地台照明及家具底部照明,使物体和地面"脱离",形成悬浮的效果,使空间显得空透、轻盈。

3)光影艺术与装饰照明

光和影是大自然的艺术,中国文人将其与民居建筑结合在一起,便有了月光下的粉墙竹影和日光下斑驳的花格窗影。室内的光影艺术要靠设计师来创造。我们应该利用各种照明装置,在恰当的部位以生动的光影效果来丰富室内的空间,既可以表现光为主,也可以表现影为主,还可同时表现光影。常见的在墙面上的扇贝形照明,也可作为光影艺术之一。

装饰照明是以照明自身的光色造型作为观赏对象,将点光源通过彩色玻璃射在墙上,产生各种色彩、形状,用不同光色在墙上构成光怪陆离的抽象"光画"。

4)照明的布置艺术和灯具造型艺术

顶棚是表现布置照明艺术的重要场所,它像一张白纸,可以形成丰富多彩的艺术形式,而且常结合建筑式样或结合柱体的部位来达到照明和建筑的统一和谐。现代灯具都强调在几何形体构成的基础上,演变成千姿百态的形式,同样运用对比、韵律等构图原则,达到新韵、独特的效果。设计师在选用灯具的时候一定要让灯具和整个室内一致、统一。

5.建筑照明

建筑照明可以照亮大片的窗户、墙、天棚或地面。荧光灯管很适合这种照明,因它能提供一个连贯的发光带;白炽灯泡也可运用,可以发挥同样的效果,但应避免不均匀的现象。

1)窗帘照明

窗帘照明是指将荧光灯管安置在窗帘盒背后,内漆白色以利反光,光源的一部分朝向顶棚,一部分向下照在窗帘或墙上。窗帘顶和顶棚之间至少应有25.4 cm的空间。窗帘盒可以把设备和窗帘顶部隐藏起来。

2)花檐反光

花檐反光用作整体照明。檐板设在墙和顶棚的交接处,至少应有15.24 cm的深度;荧光灯板布置在檐板之后,常采用颜色较冷的荧光灯管,这样可以避免墙的变色。

3)凹槽口照明

凹槽口照明(见图4-1-24)通常靠近顶棚,使光向上照射,提供全部漫射光线,有时也称为环境照明。亮的漫射光使顶棚表面有退远的感觉,能创造开敞的效果和平静的气氛,光线柔和。从顶棚射来的反射光,可以缓和在房间内直接光源的热的集中辐射。

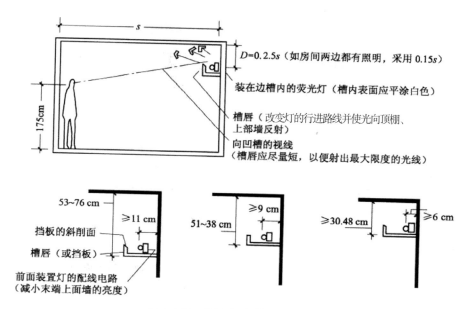

图 4-1-24　不同距离槽口照明布置

4）发光墙架

发光墙架是从墙上伸出的悬架，布置的位置要比窗帘照明低，和窗无必然的联系。

5）底面照明

任何建筑构件底面均可设置底面照明。这种照明方法常用于浴室、厨房、书架、壁龛和隔板。

6）龛孔（下射）照明

龛孔（下射）照明将光源隐蔽在凹处。这种照明方式包括提供集中照明的嵌板固定装置，圆的、矩形的金属盒，安装在顶棚或墙内。

7）泛光照明

泛光照明可以加强垂直墙面上的照明，起到柔和质地和阴影的作用。泛光照明可以有许多其他方式，如图 4-1-25 所示。

8）发光面板

发光面板可以用在墙、地面、顶棚或某个独立装饰单元上，它将光源隐蔽在半透明的板后。发光顶棚是常用的一种，广泛用于厨房、浴室或其他工作地区，为人们提供舒适的无眩光的照明。

9）导轨照明

导轨灯能用于强调或平化质地和色彩，主要取决于灯的位置和角度。导轨灯的安装距离如表 4-1-4。

表 4-1-4　导轨灯的安装距离

顶棚高/m	导轨灯离墙的距离/cm
2.29～2.74	61～91
2.74～3.35	91～122
3.35～3.96	122～152

10）环境照明

环境照明是指照明与家具、陈设结合，其光源布置与完整的家具和活动隔断结合在一起。

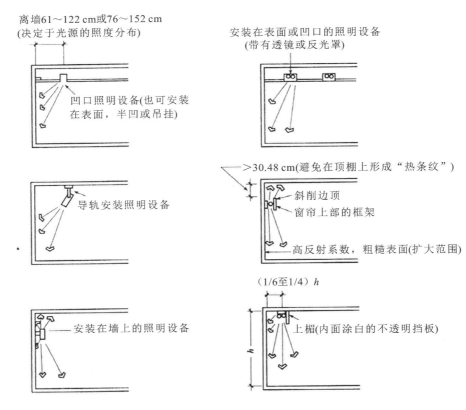

离墙61～122 cm或76～152 cm
(决定于光源的照度分布)

凹口照明设备(也可安装
在表面,半凹或吊挂)

安装在表面或凹口的照明设备
(带有透镜或反光罩)

>30.48 cm(避免在顶棚上形成"热条纹")

斜削边顶
窗帘上部的框架

导轨安装照明设备

高反射系数,粗糙表面(扩大范围)

(1/6至1/4)h

安装在墙上的照明设备

上楣(内面涂白的不透明挡板)

图 4-1-25　泛光照明方式

课题 2　顶面设计与顶面图绘制

学习目标

　　在顶面造型与照明原理学习的基础上,使学生能够独立运用正确的顶面装饰材料,结合住宅空间其他界面设计方案进行不同功能空间的顶面设计图绘制。

学习任务

　　(1)熟悉各类吊顶构造。
　　(2)熟悉各功能空间的顶面及照明设计要求。
　　(3)熟悉顶面材料及灯具的认知。

任务分析

　　通过各类顶棚造型以及顶棚材料的学习,绘制出顶面图。

4.2.1　顶面图的构思设计

顶面的造型设计应先考虑空间的功能以及空间的整体风格。顶面设计要考虑同一空间中其他界面的造型、材料、色彩。顶面的造型要紧密结合照明灯具、灯光要求以及空间的净空来构思。

1.各类顶棚的构造设计

1）直接式顶棚

（1）在板底打底后抹灰、喷涂、裱糊等，如图 4-2-1 和图 4-2-2 所示。

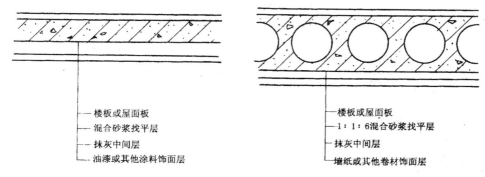

图 4-2-1　喷涂类顶棚构造层次　　　　　图 4-2-2　裱糊类顶棚构造层次

（2）在板底粘贴轻质装饰吸声板、石膏板和线条等，如图 4-2-3 所示。

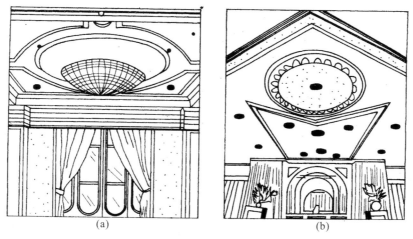

图 4-2-3　直接贴面类顶棚构造

（3）在板底用膨胀螺栓或射钉固定主龙骨，按面板尺寸固定次龙骨，固定面板，罩面，如图 4-2-4 所示。

（4）利用楼层或屋顶的结构构件作为顶棚装饰，采用调节色彩、强调光照效果、改变构件材质、借助装饰品等加强装饰效果，如图 4-2-5 所示。

2）悬吊式顶棚

（1）轻钢龙骨石膏板顶棚。

石膏板是以熟石膏为主要原料掺添加剂与纤维制成的，具有质轻、绝热、吸声、不燃和可锯等性能。石膏板与轻钢龙骨（由镀锌薄钢压制而成）结合，便构成轻钢龙骨石膏板。轻钢龙骨石膏板顶棚（见图 4-2-6）具有很多种类，包括纸面石膏板、装饰石膏板、纤维石膏板、空心石膏板条。目前，居住空间常用纸面石膏板吊顶。纸面石膏板具有重量轻、隔声、隔热、不易变形、加工性能强、施工方便等特点。市场上的石膏板的规格主要有 1220 mm×3000 mm、1220 mm×2440 mm 两种尺寸。

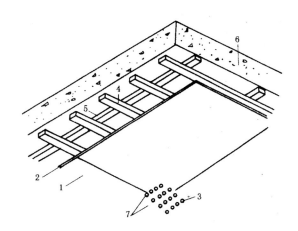

图 4-2-4　直接固定装饰石膏板构造

1—饰面穿孔石膏板；2—矿棉(上面纸层)；3—纤维网；4—次龙骨；5—主龙骨；6—楼板；7—腻子嵌平

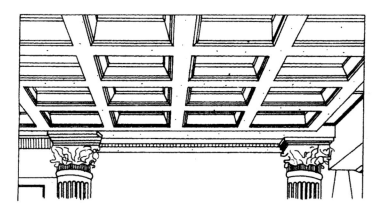

图 4-2-5　结构顶棚构造

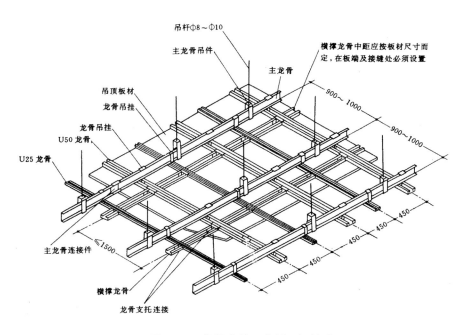

图 4-2-6　轻钢龙骨石膏板顶棚构造

龙骨主要有木龙骨、轻钢龙骨、铝合金龙骨等几种。龙骨是吊顶的基本骨架结构，用于支承、固定和连接顶棚饰面材料,同时连接屋顶或上层楼板。传统的龙骨以木质的龙骨为主,缺点是强度小、不防火、易霉烂。轻钢龙骨属新型材料,具有自重小、硬度大、防火与抗震性能好、加工和安装方便等优点。

这种顶棚构造也适用其他板材类顶棚。

(2)轻型木龙骨顶棚可采用主、次龙骨同层的构造做法,如图 4-2-7 所示。在住宅空间中的局部吊顶常采用这种构造。

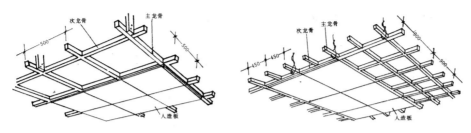

图 4-2-7　轻型木龙骨顶棚构造

(3)悬吊式顶棚中的饰面层的固定构造,如图 4-2-8 和图 4-2-9 所示。

抹灰面层:骨架上钉板条、钢丝网或钢板网;做抹灰层;罩面装饰。

板材面层:面板与骨架采用钉接、粘贴、搁置、卡入、吊挂等形式连接,再罩面装饰。

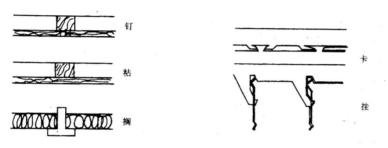

图 4-2-8　板材饰面层构造

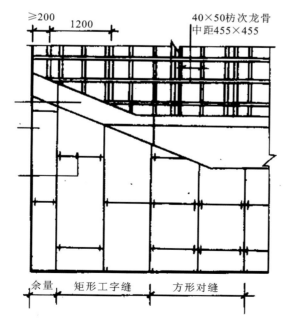

图 4-2-9　板材饰面层布置

（4）铝合金龙骨明架顶棚构造如图 4-2-10 所示。

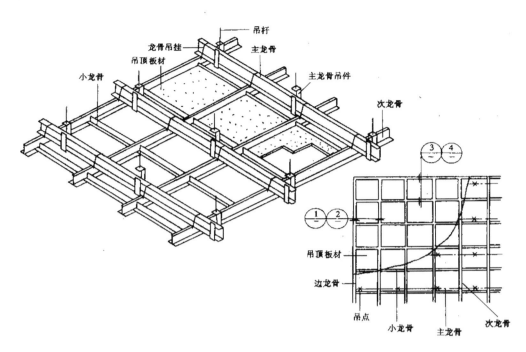

图 4-2-10　铝合金龙骨明架顶棚构造

（5）镜面顶棚面板与骨架固定构造如图 4-2-11 所示。

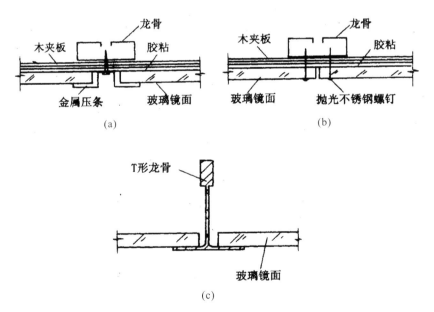

图 4-2-11　镜面顶棚面板与骨架固定构造

（6）金属穿孔方板吊顶：搁置式连接顶棚，如图 4-2-12 所示。

2. 常见凹凸式顶棚的顶面图设计

凹凸式顶棚是住宅空间常用的顶棚形式，是目前商品房因净空不高而采用的局部吊顶方式。

3. 居室各功能空间的顶面图设计要求

1）门厅的顶棚和照明设计

在模块二中，我们已经提到门厅是室外到室内的过渡空间，起引导、停歇作用，同时对进入下一空间——起居室在氛围营造上起欲扬先抑的作用。所以在门厅的顶棚设计上,设计师可以采用简洁的凹凸顶,也可依据地面的造型进行顶棚设计。吊顶的高度比起居室低,灯具采用亮度适中的筒灯即可。

2)起居室的顶棚和照明设计

在这个生活压力大、生活节奏快的社会,起居室是住宅空间中的集娱乐休闲于一体,使主人放松心情、卸下压力的活动空间,是体现主人审美情趣和彰显主人热情好客的场所。无论哪种设计风格,顶棚设计都需要迎合起居室大气、宽敞的气氛。因此起居室的顶棚多采用局部吊顶,并结合电视背景墙、沙发背景墙

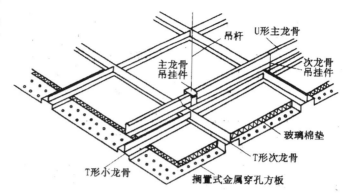

图 4-2-12　搁置式连接顶棚构造

采用筒灯、射灯进行局部艺术照明,顶棚中部采用与室内风格相适宜的造型吊灯,如图 4-2-13 和图 4-2-14 所示。

图 4-2-13　起居室凹凸式顶棚

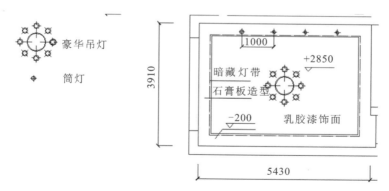

图 4-2-14　起居室凹凸式顶棚对应的吊顶设计图

3)餐厅的顶棚和照明设计

餐厅是家庭成员交流情感的场所,也是主人款待亲朋好友的空间,因此餐厅的顶棚设计应该结合照明灯具营造温馨的氛围。餐厅常采用较低的悬吊式顶棚以及低色温的艺术吊顶,给人亲切温暖的感觉,如图 4-2-15 所示。

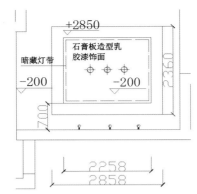

图 4-2-15 餐厅顶棚效果图及对应的吊顶设计图

4）卧室的顶棚和照明设计

卧室的主要功能是休息，简洁的室内构造不会分散主人的注意力，让其彻底卸下疲惫，美美地睡上一觉。因此卧室可以依据主人的需求制作成直接式顶棚，如果需要做造型顶，也仅是局部采用，否则会给人压抑的感觉。在照明的设计上，卧室不宜采用高色温直射式吊灯，而应采用低色温的壁灯、隐藏式灯带、吸顶灯，营造出适宜休息的氛围。

5）书房的顶棚和照明设计

书房强调静谧，是适宜工作、学习的场所。因此书房也可采用涂刷直接式顶棚。书房也是主人储藏喜好物、品茗的地方，所以书房的顶棚也可根据主人的多种需求应用造型、照明进行顶面的空间分隔。学习区的照明灯具多采用荧光灯直接照明；储藏柜的照明则可以采用射灯进行重点艺术照明；品茗区可采用较低的吊顶和低色温的中国元素式吊灯。

6）过道的顶棚和照明设计

过道的主要功能是引导、流通和过渡。因此，与其他空间连接的过道宜采用较低的顶棚和亮度较低的照明灯具，如图 2-4-16 所示。

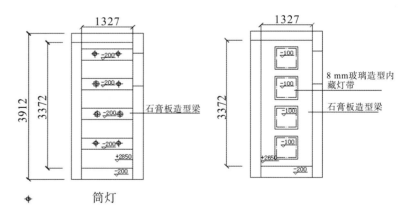

图 4-2-16 过道顶棚效果图及对应的吊顶设计图

7）卫、厨的顶棚和照明设计

卫、厨空间在设计中应着重考虑防水、防雾、防油、防电等安全性能。因此，卫、厨空间的顶棚主要采用铝合金板面的整体吊顶或塑钢条形扣板的整体吊顶。卫生间的灯具要注意防雾、防水，可采用普通照明、高照度防雾灯具及与通风口一体的浴霸；厨房的灯具宜采用防油的高色温吸顶灯。

4.2.2 顶面图的绘制

1. 顶面图的绘制标准

顶棚虽然不及地面、立面平易近人，方便我们感受顶面材质的触觉，但是顶面图仍然是室内设计方案的重要部分。顶面图的绘制需要遵循以下规则。

1）尺寸标注

目前居住空间净空都不是很高,除了卫生间因为下水弯管的原因顶棚需要下吊至高度为 2.5 m～2.6 m 外,其他空间吊顶均控制在 2.7m 及以上才不会让生活在其中的人感觉压抑。因此,顶面图尺寸的标注一定要遵循人的环境心理。标高有两种表示方法:一种为正号标注,即从地面至顶棚的高度;另一种为负号标注,即以原始顶层为基点,标注下吊的高度。某住宅建筑层高 2.85 m,标注为 $\underline{+2850}$,制作的局部吊顶高为 2.65 m,标注为 $\underline{+2650}$,我们也可以说局部吊顶下吊为 200 mm,标注为 $\underline{-200}$ 。同时,顶面造型的尺寸也要详尽地标注出来。

2）文字标注

顶面的饰面材料、造型构造及色彩应该在图纸上准确地用文字说明标注出来,便于业主挑选材料及施工人员备料。

3）顶面造型及灯具布置

顶面造型及灯具布置应结合整体空间布局而定,不应该平均对待。

我们在前面已经提过,顶面的造型设计也是划分空间功能的依据之一。所以,顶面的设计、绘制重点应该集中在起居室、餐厅,其他空间的顶面保证正常功能即可,不必过于烦琐,喧宾夺主。

4）绘制灯具及其他电器设备图例

图例方便业主进行采购,电气施工人员进行顶面的电路布线、施工及对空间整体电路布置的通盘考虑。

2.顶面图的绘制内容

顶面图的绘制内容如下。

①顶棚表面处理方法、主要材质、平面造型。

②顶棚灯具布置形式。

③如果安装中央空调,绘制空调的主机及出、回风位置,排气设备位置。

④如果需要窗帘盒,绘制窗帘盒位置及做法。

⑤对于复式住宅楼,绘制中庭、中空标高位置。

⑥以地面为基准或以原始顶层为基准,标出所有空间顶棚标高（用专用标高符号）。

⑦造型复杂的顶棚须标出施工大样索引和剖切方向。

住宅整体顶棚设计方案如图 4-2-17 所示。

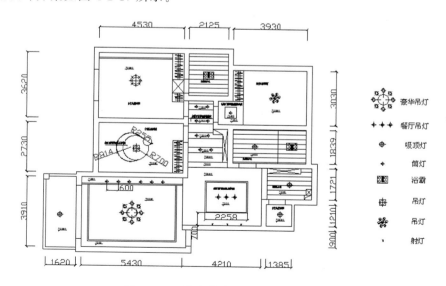

图 4-2-17　住宅整体顶棚设计方案

实训 1　校外实践——吊顶施工的考察学习

1. 实训目的

(1)进一步学习顶棚构造。

(2)学习顶棚施工的工艺流程。

(3)了解顶棚材料的质感、色彩、光泽。

(4)了解市场的各类灯具的款式、光色、照度。

2. 实训内容

选择几处家装施工现场,让学生每 3 人一组,到施工现场进行考察学习。学生认真观看施工工人的顶棚制作工程,并考察材料市场中各类顶面材料和灯具的款式、色彩等。

3. 实训要求

(1)制作顶面材料的考察报告。

(2)拍摄重要顶棚构造照片若干张。

(3)绘制施工现场中起居室、餐厅顶棚的构造图,比例自定。

4. 实训时间

实训时间为 6 课时。

实训 2　绘制顶面设计及灯具布置图

1. 实训目的

(1)通过顶面图的绘制,培养学生的层高尺度感。

(2)培养学生依据空间总平面图及立面图考虑顶棚设计的整体思维意识。

(3)培养学生熟练运用顶棚材料的质感、色彩、光泽,结合造型营造空间整体氛围的能力。

2. 实训内容

依据模块二中实训的户型,让学生结合平面图、立面图独立绘制顶面设计及灯具布置图。

3. 实训要求

(1)绘制顶面造型设计图。

(2)正确标注各级吊顶层高及材料。

(3)合理布局灯具并标注灯具名称。

4. 实训时间

实训时间为 12 课时。

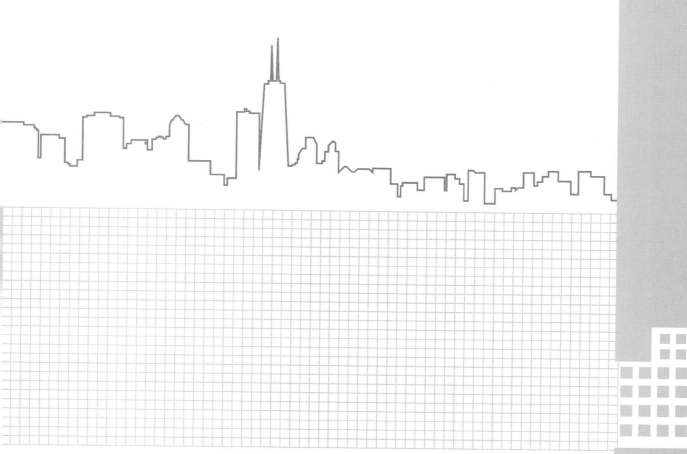

模块五

家居空间绿化陈设设计

课题 1　陈设、绿化设计

　　通过本课题的学习,了解室内陈设、绿化的作用,理解室内陈设与绿化的设计技术要点,掌握室内设计与绿化选择的方法。

　　学习通过绿化与陈设设计来烘托气氛,彰显不同空间特色及不同业主的自我色彩。

　　识记不同的木本植物、草本植物、藤本植物、肉质植物等;领会组织空间、引导空间创造氛围的作用;根据重点装饰与边角点缀的方式,根据绿化与陈设的目的、用途和意义,合理选择陈设、绿化并巧妙搭配,突出空间重点。

5.1.1　陈设、绿化设计的作用

　　室内绿化在现代室内设计中具有不能代替的特殊作用。室内绿化在我国的发展历史悠久,最早可追溯到新石器时代。浙江余姚河姆渡新石器文化遗址的发掘中,获得一块刻有盆栽植物花纹的陶块。河北望都一号东汉墓的墓室内有盆栽的壁画,绘有内栽红花绿叶的卷尚圆盆,置于方形几上,盆为长椭圆形,内有假山几座,长有花草。另一幅也画着高髻侍女,手托莲瓣形盘,盘中有盆景,长有一棵植物,植物上有绿叶、红果。唐章怀太子李贤墓的甬道壁画中,有仕女手托盆景之像,可见当时已有山水盆景和植物盆景。东晋王羲之《柬书堂贴》提到莲的栽培,"今岁植得千叶者数盆,亦便发花,相继不绝",这是有关盆栽花卉的最早文字记载;据传,后蜀皇帝也多次设宴召集百官赏花,故有"殿前排宴赏花开"之句;苏东坡曾云"宁可食无肉,不可居无竹";杜甫诗云"卜居必林泉""结庐锦水边",并常以花木寄托思乡之情。

　　在西方,古埃及画中有种在罐里的稀有植物;古希腊植物学志记载有 500 种以上的植物,并能在当时制造精美的植物容器;古罗马宫廷中已有种在容器中的植物,并在以云母片作为屋顶的暖房中培育玫瑰花和百合花。文艺复兴时期,花园已很普遍。欧洲 19 世纪的"冬季庭园"(玻璃房)已很普遍。

　　二十世纪六七十年代,室内绿化已为各国人民所重视,引进千家万户。植物是大自然生态环境的主体,能使人们接近自然、接触自然、生活在自然中。改善城市生态环境,崇尚自然、返璞归真的愿望和需要,在当代城市环境污染日益严重的情况下显得更为迫切。因此,通过绿化室内把生活、学习、工作、休息的空间变成"绿色的空间",是环境改善有效的手段之一,不但对社会环境的美化和生态平衡有益,而且对工作、生产也会有很大的促进。人类学家哈·爱德华强调人的空间体验不仅有视觉,而且有多种感觉,和行为有关。人和空间是相互作用的,当人们踏进室内,看到浓浓的绿意和鲜艳的花朵,听到卵石上的流水声,闻到阵阵花香,在良好环境知觉刺激面前,不但能感到社会的关心,还能使精力更为充沛,思路更为敏捷,使人的聪明才智更好地发挥出来,从而提高工作效率。这种看不见的环境效益,实际上和看得见的超额完成生产指标是一样重要的。室内绿化具有改善室内小气候和吸附粉尘的功能。更重要的是,室内绿化使室内环境生机勃勃,带来自然气息,令人赏心悦目,起到柔化室内环境的作用,在高节奏的现代社会生活中具有协调人们心理并使之平衡的作用。

室内陈设艺术也不同于一般的装饰艺术,不片面追求富丽堂皇的气派和毫无节制的排场,它强调科学性、技术性和学术性。陈设与室内环境,犹如公园里的花草树木、山、石、小溪、曲径、水榭,是赋予室内空间生机与精神价值的重要元素。室内空间如果没有陈设,将会多么乏味和缺乏活力,犹如仅有骨架,没有血肉的躯体,是不完善的空间。可见,室内陈设艺术在现代室内空间设计中占据重要的位置也对现代室内空间设计有很大的作用。室内陈设和室内绿化如图5-1-1和图5-1-2所示。

图 5-1-1 室内陈设

图 5-1-2 室内绿化

绿化、陈设等室内设计的内容,可以脱离界面布置于室内空间。在室内环境中,绿化、陈设实用和观赏的作用都极为突出,通常都处于视觉中显著的位置,还可以直接与人体接触。同时,在室内设计中,陈设和绿化是一个有机联系的整体:光、色、形体让人们能综合地感受室内环境,光照下界面和家具等是色彩和造型的依托"载体",灯具、陈设又必须和空间尺度、界面风格协调,对烘托室内环境气氛,形成室内设计风格等有举足轻重的作用。

1. 室内绿化的作用

室内绿化装饰是指按照室内环境的特点,利用以室内观叶植物(见图5-1-3)为主的观赏材料,结合人们的物质和精神生活所需,对使用的器物和场所进行美化装饰。以一方面室内绿化要达到使用功能、组织空间、引导空间:利用绿化组织室内空间、强化空间,让人们仿佛置身于自然环境中,享受自然风光,合理提高室内环境的物质水准,改善室内环境、气候。另一方面室内绿化要起到抚慰人心、陶冶情趣的作用,使人从精神上得到满足,使工作、学习、休息都能心旷神怡、悠然自得。室内绿化可以提高室内空间的生理和心理环境质量,柔化空间,增添空间情趣。

1)装饰美化环境

根据室内环境状况进行绿化布置,协调整个环境要素,将个别、局部的装饰组织起来,可以取得总体的美化效果。装饰中的色彩冲击力强,常常左右人的视觉,绿叶花枝的点缀让室内建筑结构出现的线条刻板与呆滞的形体得以灵动。

绿化对室内环境的美化作用主要有两个方面:一是植物本身的美,包括色彩、形态和芳香;二是通过植物与室内环境恰当地组合、有机地配置,从色彩、形态、质感等方面产生鲜明的对比,形成美的环境。

绿色植物美化室内空间要符合艺术规律,不能妨碍日常的室内活动。植物布局应与周围环境形成一个整体。植物量和植株高度应根据建筑空间的大小而定。为了既满足植物合理的生长空间和光照条件,又满足人的视觉感受,植物的高度一般不超过空间高度的2/3,否则,会造成空间压抑感。

2)改善室内生活环境、净化空间、调节气候、增添室内生气

环境对人的身心健康起着重要的作用,室内布置除了必要的生活用品及装饰品外,不可缺少生活气息、

知觉感和兴趣,使人享受大自然的美感和舒适。

　　绿化也可以有效防尘、吸收有害气体、减轻噪声污染。植物可以通过光合作用吸收二氧化碳、释放氧气。人在呼吸的过程中,吸入氧气,呼出二氧化碳。这两个过程使大气中氧气和二氧化碳达到平衡。同时,植物可以通过叶子吸热和水分蒸发降低气温,可以在冬、夏季调节温度;在夏季可以起遮阳隔热的作用;在冬季,据实验证明,有种植阳台的温室比无种植阳台的温室容易形成富氧空间,便于人与植物的氧气与二氧化碳的良性循环,温室效应更好。绿化改善室内环境如图 5-1-4 所示。

图 5-1-3　观叶植物　　　　　　　　　图 5-1-4　绿化改善室内环境

　　植物的自然形态有助于打破室内装饰直线条的呆板与生硬,通过植物的柔化作用补充色彩,美化空间,使室内空间充满生机。

　　3)改变室内的空间结构,起联系、引导空间,强化、突出空间重点的作用

　　首先,设计师可根据人对空间的流线及空间视觉感受的需求,运用绿化进行室内空间区域划分、妥善处理空间中的死角、弥补室内房间空虚感等,让绿化起到组织空间、引导空间、柔化空间的作用,如图 5-1-5 所。以绿化分隔空间的范围是十分广泛的,如将厅室、厅室与走道分隔成两个小空间。此外,在空间的交界线,如室内外之间、室内地坪高差交界处等,设计师都可用绿化进行分隔,如起空间分隔作用的围栏。

　　其次,许多居住空间常利用绿化的延伸联系室内外空间,起到过渡和渗透作用,通过连续的绿化布置,强化室内外空间的联系和统一。绿化在室内的连续布置,从一个空间延伸到另一个空间,特别是布置在空间的转折、过渡、改变方向之处,更能发挥空间的整体效果。绿化布置的连续和延伸,如果有意识地强化其突出、醒目的效果,那么,通过视线的吸引,就能起到暗示和引导作用。

　　最后,对于重要的部位,如正对出、入口的位置,起到屏风作用的绿化,可采用悬垂植物由上而下进行空间分隔。大门入口处、楼梯进、出口处、交通中心或转折处,走道尽端等,是重要的视觉中心位置,是必须引起人注意的位置,因此,常放置特别醒目的、更有装饰效果的,甚至名贵的植物或花卉,起到强化空间、重点突出的作用。

　　4)陶冶情操、抒发情怀、创造气氛

　　人的大部分时间是在室内度过的。室内环境封闭且单调,会使人失去与大自然的亲近。人本能地对大自然有着强烈的向往。随着现代社会生活节奏的加快和工作竞争的加剧,人的精神压力也不断加大,加上城市的喧闹,人们更加渴望生活的宁静与和谐,所以人们都希望通过室内绿化来实现宁静并拥有一块属于自己的温馨、舒适的小天地。植物最能代表大自然。进行室内的绿化设计,把大自然的花草引入室内,可以使人仿佛置身于大自然之中,从而达到放松身心、维持心理健康的作用。此外,人们在不断进行室内绿化养护和管理的过程中也能陶冶情趣、休养身心。

　　2.室内陈设的作用

　　陈设艺术设计的宗旨是创造一种更合理、舒适、美观的环境空间。陈设艺术的历史是人类文化发展的

缩影,陈设艺术反映了人们由愚昧到文明、由茹毛饮血到现代化的生活方式。在漫长的历史进程中,不同时期的文化赋予了陈设艺术不同的内容,也造就了陈设艺术的多姿多彩的艺术特性,如图 5-1-6 所示。随着时代的进步,家具的艺术性越来越被人重视。一幅画、一个造型丰满的陶罐、一组怀旧的照片、一小株自己栽培的植物,一个自己精心加工的小工艺品,都能有利于怡心、养智。例如,广州某室的中庭,陈设了一组以"故乡水"为主题的室内山水,陈设中的山水与百舸争流、滔滔的沙面水景以及沙面园林绿化呼应、协调,室内外空间环境与陈设结合,这样的环境使人心情愉悦,满足了观赏者和使用者的心理需求,使人流连忘返,给人留下美好的印象。室内陈设设计的具体作用如下。

图 5-1-5　绿化可以改变室内空间结构

图 5-1-6　陈设的多样性

1)改善空间形态、创造二次空间、丰富空间层次

在室内空间中,由墙面、地面、顶面围合的空间称为一次空间。在一般情况下,我们很难改变一次空间的形状,除非进行改建,但这是一个费时、费力、费钱的工程。利用室内陈设物分隔空间是首选的好办法。利用家具、地毯、雕塑、景墙、水体等创造出二次空间,使其层次丰富、使用功能更趋合理、更能为人所用,是个经济又实用的方式。陈设可以增强空间在视觉上的领域感和心理情感上的归属感,可以增强独立性和私密性。

2)柔化室内空间

现代的高楼大厦使人更强烈要求柔和、闲适的空间。随着现代科技的发展,城市钢筋混凝土建筑群、大片玻璃幕墙、光滑的金属材料构成了冷硬、沉闷的空间,使人不能喘息,人们企盼着悠闲的自然境界,强烈地寻求个性的舒展。因此,织物、家具等陈设的介入,无疑使空间充满了柔和与生机、亲切与活力,如图 5-1-7 所示。

3)烘托室内气氛

气氛即内部空间环境给人的总体印象,如欢快、热烈的喜庆气氛,亲切、随和的轻松气氛,深沉、庄重的庄严气氛,高雅、清新的文化艺术气氛等。意境是内部环境要集中体现的某种思想和主题。与气氛相比,意境不仅被人感受,还能引人联想、给人启迪,是一种精神世界的享受。室内空间除了安逸、美观、舒适的基本需求,还应有特定的气氛。

4)强化室内风格

不同时代、国家、民族的文化赋予了陈设艺术不同的内容,形成了各式各样的风格。陈设的造型、色彩、图案、质感等特性进一步加强环境的风格化。现代风格更接近大众。在新时代里,满足人们生活需要的艺术陈设,必须满足人们心理和生理的变化与发展的需要。以家具为例,曾为我国的家具史和陈设写过光辉的一章、成为优秀的文化遗产的明式家具已逐渐被现代的组合家具取代,传统的红木家具被改变为用层压弯曲新工艺制成的大工业家具,以追求气派为主要目的的太师椅也被能满足人们舒适要求的弹簧沙发取代。现代家具的风格是随着工业社会的大发展和科学技术的发展应运而生的。家具材料异军突起,不锈钢、塑胶、铝材和大块的玻璃被广泛地使用。线条、色彩、光线和空间营造出室内空间的现代气氛。处于不同社会阶层的人，由于物质条件和自身条件的限制，在陈设品的选择上往往大相径庭，从而形成了多种多样的室内设计风格。

5）调节环境色调

室内陈设色彩与空间的搭配，既要满足审美的需要，又要充分运用色彩美学原理来调节空间的色调，这对人们的生理和心理健康有着积极的影响，如图5-1-8所示。室内环境的色彩是室内环境设计的灵魂，室内环境的色彩对室内的空间感、舒适度、环境气氛、使用效率，以及人的心理和生理均有很大影响。在一个固定的环境中，最先闯进我们视野的是色彩，最有感染力的也是色彩。不同的色彩可以引起不同的心理感受，好的色彩环境就是这些感觉的理想组合。人们从和谐悦目的色彩中产生美的遐想，化境为情，大大超越了室内的局限。人们在观察空间色彩时会自然地把眼光放在有大面积色彩的陈设物上，这是由室内环境色彩决定的。室内环境色彩可分为背景色彩、主体色彩、点缀色彩三个主要部分，如图5-1-9所示。

图 5-1-7　陈设烘托气氛

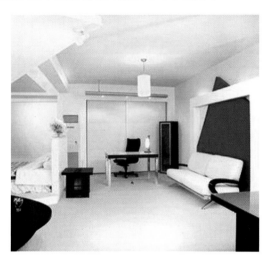

图 5-1-8　室内色调环境

①背景色彩。背景色彩是指室内固有的天花板、墙壁、门窗、地板等建筑设施的大面积色彩。根据色彩面积的原理，这部分色彩宜采用低彩度的沉静色彩，如采用某种倾向于灰调子的较微妙的颜色使它能发挥其作为背景色的衬托作用。

②主体色彩。主体色彩是指可以移动的家具、织物等中的等面积的色彩。主体色彩是构成室内环境的最重要的部分，也是构成各种色调的最基本的因素。

③点缀色彩。点缀色彩是指室内环境中最易变化的小面积色彩，如壁挂、靠垫、摆设品的色彩。点缀色彩往往采用突出的强烈色彩。

陈设的色彩既作为主体色彩，又作为点缀色彩。可见，室内环境的色彩有很大一部分是由陈设物决定的。室内色彩的处理，一般应进行总体控制与把握，即室内空间六个界面的色彩应统一、协调，但过分统一又会使空间显得呆板、乏味。陈设的运用，点缀了空间、丰富了色彩。陈设千姿百态的造型和丰富的色彩赋予室内以生命力，使环境生动、活泼起来。需要注意的是，切忌为了丰富色彩而选用过多的点缀色，这将使室内显得凌乱。设计师应充分考虑在总体环境色协调的前提下适当点缀，起到画龙点睛的作用。

6）体现地域特色、反映民族特色、陶冶个人情操

在今天全球化的大环境下，怎样保护并发扬文化的地域特性是一个值得探讨的课题。民族是共同的地域环境、生活方式、语言、风俗习惯以及心理素质的共同体形。不同民族有不同民族的精神、性格、气质、素质和思想；不同地区的人有不同的行为方式和审美情趣；不同空间的主人有不同的身份、特点及喜好。如今，自我意识彰显、多元文化融合，陈设也与时俱进，更能表述心态上的自然、轻松和随意。格调高雅、造型优美、具有一定文化内涵的陈设使人怡情悦目，陶冶情操。

中华民族具有自己的文化传统和艺术风格。同时，各个民族的心理特征、习惯、爱好等也有所差异。这

一点在陈设设计中应足够重视。信奉伊斯兰教的民族,忌用猪作为陈设图案;自视为龙、凤后代的汉族,由于代代相承的传统和习俗,在大量装饰文样中使用龙、凤题材,寓意"吉祥"。在传统的汉居中,太师壁前陈列祖宗的牌位、香炉、烛台等。彝族将葫芦作为图腾崇拜并陈列于居室的神台上。著名的塔尔寺,地处青藏高原,采用悬挂各种帐幔、彩绸天棚、藏毯裹柱等来装饰室内空间,一方面对建筑物起到了防风沙的保护作用,另一方面也形成了该建筑的独特风格。

7)空间的寓意

一般的室内空间应达到舒适、美观的效果,有特殊要求的空间应具有一定的内涵(见图 5-1-10),如纪念性室内空间,传统空间等。现代陈设已超越其本身的美学界限,赋予室内空间以精神价值,如在书房中摆设根雕,中国画,工艺造型品,古典书籍,古色古香的书桌、书柜等。这些陈设营造出一种文化氛围,使人以在此学习为乐,进一步激发人的求知欲。在这样的环境中,人会更加热爱生活。我们可以看到很多艺术工作者在自己的室内空间放置既有装饰性,又有很高艺术性的陈设。这些陈设有很多是他们自己设计并制作的。在制作的过程中,他们不仅发挥了自己的特长,而且从中学到了书本上没有的东西,提高了自己的艺术鉴赏能力,增加了生活的情趣。

图 5-1-9 背景色彩、主体色彩与点缀色彩的运用

图 5-1-10 陈设营造的空间寓意

5.1.2 绿化设计的要点

1. 绿化设计的基本认识

宋洪迈《问故居》云:"古今诗人,怀想故居,表之篇咏,必以松竹梅菊为比兴。"王摩诘诗曰:"君自故乡来,应知故乡事,来日绮窗前,寒梅著花未?"杜公《四松》云:"四松初移时,大抵三尺强。别来忽三载,离立如人长。"旧时把农历 2 月 15 日定为百花生日,或称"花朝节"。古蜀把每年的农历六月二十四定为莲花生日,名"观荷节"。这说明绿化设计从古至今都受到了高度重视。

在不破坏家居的整体风格及空间的前提下,绿化能够很随意地进行布置。植物不仅能够当作陈设,还能够用来填补室内空间的死角。只要构思巧妙,一丛绿叶就能够营造出一个轻松的虚拟空间,为室内增添生机,融入主人的个性、文化素养、民族信仰、特殊爱好等外在因素,还能够结合一些形式美法则,来营造一个舒适的室内气氛。

1)主要表现形式

主要表现形式有盆栽、盆景、插花、水培花卉等,如图 5-1-11 和图 5-1-12 所示。

2)室内绿化的基本要领

(1)按目的、意义进行布置:室内绿化布置在不同的场所,如门厅、餐厅以及卧室等,均有不同的要求,应根据不同的任务、目的和作用,采取不同的布置方式,根据居室空间的作用、大小、风格及本身所处的位置选择不同的色彩、材料、家具摆设、款式及结构。设计师应根据装饰的室内光、温、湿等生态条件选择是否喜光,是否耐阴,观花、观果、观叶的植物,还应根据不同的季节选择不同的绿化。不同植物寓意不同,设计师可以借花咏志、寄情于花。

图 5-1-11　盆栽绿化　　　　　　　　图 5-1-12　插花绿化

（2）研究摆放位置：要讲究效果，如大型的观叶植物、漂亮的花盆、花架的款式、色彩与空间格调的统一等；注重绿化摆放位置给人的舒适感，如视觉、嗅觉；重点装饰和边角点缀，结合家具、陈设等绿化、组成背景，形成对比、垂直绿化、沿窗布置绿化。随着空间位置的不同，绿化的作用和地位也随之变化：①处于中心位置，如起居室；②处于关键部位，如出、入口处；③处于边角地带，如墙边、角隅。

设计师应根据不同部位，选择相应的植物。室内绿化通常利用室内剩余空间，或摆放在不影响交通的墙边、角隅并利用悬、吊、壁龛、壁架等方式充分利用空间，尽量少占室内使用面积。同时，某些攀缘、藤萝等植物宜垂悬以充分展现其风姿。因此，室内绿化的布置，应从平面和垂直两方面进行考虑，形成立体的绿色环境。

3）室内绿化的原则

室内绿化的原则包括协调、符合造园学、符合美学、实用、经济原则，如图 5-1-13 所示。

室内绿化应与环境及色彩协调、和谐，如考虑与建筑风格的统一、与季节及节日的协调、与空间大小适应、与色彩协调等。设计师应充分发挥室内绿化形、姿、色的特点，营造构图合理、色彩协调、形式和谐的统一、变化、规则式、自然式的环境，使其符合功能的要求，达到装饰美学与实用、经济效果的高度统一。

4）根据植物本身的生态习性和栽培特点来布置

设计师应考虑植物对光、湿、温度、修剪的要求和休眠期管理。木本植物、草本植物、藤本植物、肉质植物的要求不同。设计师应根据南北方气候的不同和植物的特性，在室内放置不同的植物，通过它们对空间的占有、划分、暗示、联系、分隔化解不利因素。

5）与主人的性格，工作、生活习惯适应

方法一致，作用各异。设计师要根据空间主人的身份、特点及喜好设计。如今，自我意识彰显、多元文化融合，陈设也与时俱进，更能表述心态上的自然、轻松和随意。格调高雅、造型优美、具有一定文化内涵的陈设使人怡情悦目。

2.绿化设计的材料与运用

联系室内外的方法很多，如通过铺地由室外延伸到室内，利用墙面、天棚或踏步延伸，都可以起到联系的作用，但是相比之下，都没有利用绿化更鲜明、更亲切、更自然、更惹人注目和喜爱。绿色植物的形、色、质、味、枝干、花叶、果实都显示出蓬勃向上、充满生机的力量，引人奋发向上，热爱自然，热爱生活。植物生长的过程，是争取生存及与大自然搏斗的过程，其形态是自然形成的，没有任何掩饰和伪装。不少生长在缺水、少土的山岩、墙垣之间的植物，盘根错节，横延纵伸，广布深钻，充分显示其为生命斗争的力量和无限生命力，在形式上是一幅抽象的天然图画，在内容上是一首生命赞歌。它的美是一种自然美，洁净、纯正、朴实无华，即使被人工剪裁，任人截枝斩干，仍然显示自强不息、生命不止的顽强生命力。因此，树桩盆景之美与其说是一种造型美，倒不如说是一种生命之美。人们可以从中得到启迪，更加热爱生命、热爱自然，陶冶情操，净化心灵，和自然共呼吸。

布置在交通中心或尽端靠墙位置的绿化，也常成为厅室的趣味中心。这里应说明的是，位于交通路线的一切陈设，包括绿化，必须以不妨碍交通和紧急疏散时不致成为绊脚石为原则，并按空间大小、形状选择相应的植物,如放在狭窄的过道边的植物,不宜选择低矮、枝叶向外扩展的植物,否则,既妨碍交通,又损伤植物,应选择与空间更协调的修长的植物。

树木、花卉以其千姿百态的自然姿态、五彩缤纷的色彩、柔软飘逸的神态、生机勃勃生命,恰巧与冷漠、刻板的金属、玻璃制品及僵硬的建筑几何形体和线条形成强烈的对比。乔木或灌木可以以其柔软的枝叶覆盖室内的大部分空间;蔓藤植物可以以其修长的枝条,从这一面墙伸展至另一面墙或由上而下吊垂在墙、柜、橱、书架上,用如翡翠般的绿色枝叶装饰并改变室内空间,使室内空间柔化、有生气。这是其他任何室内装饰、陈设不能代替的。此外,植物修剪后的人工几何形态,以其特殊色质与建筑在形式上取得协调,在质地上又起到刚柔对比的特殊效果,如图 5-1-14 所示。

图 5-1-13 绿化应美观、经济、实用

图 5-1-14 刚柔对比的绿化效果

1)重点装饰与边角点缀

把室内绿化作为主要陈设布置成视觉中心,以其形、色的特有魅力来吸引人,是许多厅室常采用的一种布置方式,如布置在厅室的中央。

2)结合家具、陈设等布置绿化

室内绿化除了单独落地布置外,还可与家具、陈设、灯具等室内物件结合布置,相得益彰,组成有机整体。

3)组成背景、形成对比

绿化可以根据独特的形、色、质(绿叶或鲜花、铺地或屏障),集中布置成片的背景。

4)垂直绿化

垂直绿化通常采用天棚上悬吊方式。

5)沿窗布置绿化

沿窗布置绿化,能使植物接受更多的日照,并形成室内绿色景观,可以采用做成花槽或在低台上置小型盆栽等方式,如图 5-1-15 所示。

图 5-1-15 沿窗布置绿化

6）一定量的植物配置

植物配置应适量。

3. 室内绿化植物的选择和陈设

1）室内绿化植物的选择

不同的植物有不同的枝、叶、花、果和姿色：一丛丛鲜红的桃花、一簇硕果累累的金橘给室内带来喜气洋洋的感觉，增添欢乐的节日气氛；苍松、翠柏给人坚强、庄重、典雅之感；洁白、纯净的兰花使室内清香四溢，风雅宜人。此外，东、西方对不同植物、花卉赋予了一定象征和含义。我国视荷花为"出淤泥而不染，濯清涟而不妖"，象征高尚情操；视竹为"未出土时先有节，便凌云去也无心"，象征高风亮节；称松、竹、梅为"岁寒三友"，梅、兰、竹、菊为"四君子"；视牡丹为高贵、石榴为多子、萱草为忘忧等。在西方，紫罗兰被视为忠实、永恒；百合花被视为纯洁；郁金香被视为名誉；勿忘草被视为勿忘我。

植物在四季时空变化中形成典型的四时即景：春花、夏树、秋叶、冬枝。一片柔和翠绿的林木，可以一夜间变得金黄；一片布满蒲公英的草地，一夜间可变成一片白色的海洋。时迁景换，此情此景，无法形容。因此，不少宾馆设立四季厅，利用植物的季节变化，使室内产生不同情调和气氛，使旅客获得时令感和常新的感觉；也利用赏花时节，举行各种集会，为会议增添新的气氛。适应不同空间使用的光照是影响植物生长和发育的主要因素，室内绿化植物的选择要考虑适合植物正常生长需要的光照、温度和湿度；植物的体量要与空间大小相适应，不同大小的空间要选择不同体量的植物；植物的形态、质感、色彩要与房间的用途协调，如书房配置文竹、兰花之类，能使空间显得典雅和幽静。某些植物，如夹竹桃、梧桐、棕榈、大叶黄杨等可吸收有害气体，有些植物，如松、柏、樟、桉、臭椿、悬铃木等的分泌物具有杀菌作用，从而能净化空气，减少空气中的含菌量。同时，植物能吸附大气中的尘埃从而使环境得到净化。

2）室内绿化植物的陈设

室内绿化植物的陈设要考虑种植容器、陈设方式、灯光处理，如图 5-1-16 所示。

（1）种植容器：室内绿化植物的种植容器分为普通栽植盆、套盆和种植槽 3 种类型。套盆也称外盆，它的底部没有排水孔，主要作用是套在普通栽植盆外面，起隐藏和装饰作用；种植槽也是一种底部没有排水孔的容器。若将普通盆用于室内种植，须加套盆或集水盘，防止水流出。容器颜色应与植物及摆设空间的颜色协调、一致，容器的大小也要与植物的大小匹配，以保证植株的正常生长，达到容器与植株在视觉上的均衡。

（2）陈设方式。室内绿化植物一般可采取如下方式陈设：置于地板上（适合较大型的盆栽，特别是形态醒目、结构鲜明的植物）；置于家具或窗台上（适合较小型的盆栽，因为只有将它们置于一定的高度，才能获得较好的观赏视角，从而具有理想的观赏效果）；置于独立式基座上（适合具有长且下垂茎叶的盆栽。为了与室内装潢的格调协调，可选用仿古式基座、形式简洁的直立式石膏基座、玻璃钢仿石膏基座）；悬吊于天花板（适合枝条下垂的植物，如吊兰、鸟巢蕨等。悬吊可以使下垂的枝条生长无阻，而且最易吸引人的视线，产生特殊效果）；附挂于墙壁之上（适合蔓性植物和小型开花植物。蔓性植物常用来勾勒窗户轮廓，开花植物凭借其艳丽色彩与淡雅的墙面形成对比）。

（3）灯光处理：一方面能改善植物的光照条件，促进植物生长（适合使用日光型荧光灯）；另一方面能营造特殊的夜间气氛（适合使用聚光灯或泛光灯）。照明的方式分为投射照明、向上照明和背面照明。向上照明是把灯光设在植物前方，主要目的是在墙上产生有特殊效果的阴影；背面照明是将灯光隐藏在植物后方，使植物在背光的情况下产生晦暗的轮廓，产生玲珑剔透的效果。

3）不同居室空间的绿化布置

室内绿化的布局可归纳为点式、线式和面式 3 种基本布局形式。

点式布局就是独立或成组集中布置，往往布置于室内空间的重要位置，成为视觉的焦点，所用植物的体量、姿态和色彩等要有较为突出的观赏价值；线式布局就是植物成线状（直线或曲线）排列，其主要作用是引导视线、划分室内空间、作为空间界面的一种标志，选用植物要统一，可以是同一种植物成线状排列，也可以是多种植物交错成线状排列；面式布局就是成块集中布置，强调量大，大多用作室内空间的背景绿化，起陪衬和烘托作用，它强调的是整体效果，所以，在体、形、色等方面应考虑其总体艺术效果。

Dr. D. G Hessayon 将家居植物摆设分为 6 个区域，据他的统计，79% 的家庭将植物置于起居室，51% 的家庭将植物置于厨房,34%的家庭将植物放在门廊及楼梯间,28%的家庭将植物置于餐厅,12%的家庭将植物置于浴室,11%的家庭将植物置于卧室。中国老百姓的居室绿化优先布置的空间顺序是阳台、起居室、餐厅、卧室。因为厨房与浴室面积相对较小且污染较大,所以,基本上没有人在厨房、浴室布置绿化。

（1）起居室绿化:起居室是日常起居的主要场所,空间相对较大,所以起居室绿化布置应成为居室绿化的重点。单功能起居室的绿化陈设主要是沙发、座椅、茶几、电视、音响等,进行绿化布置时要注意数量、品种不宜太多。较大空间的起居室的入口处可放置插花、盆景,起到迎宾作用;起居室中央可放置一两

图5-1-16　思考好的陈设应如何配置绿化

盆较为高大的南洋杉、苏铁等来分隔空间;墙角柜旁、窗边可放置龟背竹、橡皮树、棕竹等。多功能厅要兼具起居室、餐厅,甚至书房的作用,它的主要位置一般安排沙发,再配以茶几组成交谈中心。沙发旁可摆放盆花,茶几上可摆插花,房角可布置较大盆栽,如橡皮树、绿萝等,也可利用盆栽来分割空间,隔离出会谈、进餐、学习等的空间。

（2）阳台和窗台绿化:开敞式阳台是较好的休息和眺望场所。面积较大者通过合理的绿化布置可使人仿佛置身于自然环境之中;若与鸟笼和水族箱结合,效果更为理想。面积较小者通过摆设不同种类的中小盆栽,或在屋顶悬挂垂盆植物,也可以创造较好的景观效果。窗台也是布置绿化的好场所,在窗台上悬吊绿化植物,可以柔化单调、僵硬的建筑线条,使其显示出生机和活力。若在窗台上设置种植槽,在槽内种植色彩鲜艳的四季花草和小型灌木,效果更为理想。室内植物的装饰效果一般比静物(如风景画)好,即使是一小瓶插花,其生机盎然的花朵与绿叶,除美观外,也有助于增进食欲。餐厅角落可摆放凤梨类、棕榈类等叶片亮绿的观叶植物或色彩缤纷的中型观花植物。餐桌上的植物装饰不宜繁杂,一瓶插花即可。

（3）卧室绿化:卧室是休息和睡眠的地方,应创造宁静、温馨、休闲和舒适的气氛。较为宽敞的卧室可使用站立式的大型盆栽;小些的卧室可选择吊挂式的盆栽或将植物套上精美的套盆后摆放于化妆台或窗台上,如茉莉花、夜来香等能散发香味的植物,可使人在淡雅的香气中酣然入睡。

5.1.3　陈设设计的要点

1.室内陈设的方法

室内陈设的大原则:从大处着眼、细处着手,总体与细部深入推敲;从里到外、从外到里,局部与整体协调统一;意在笔先或笔意同步,立意与表达并重。

1)风格基调定位

一个空间必须有明确的整体气氛,如欢快、热烈的喜庆气氛,亲切、随和的轻松气氛,深沉、凝重的庄严气氛,高雅、清新的文化艺术气氛等。

室内空间的不同风格(如古典风格、现代风格、中国传统风格、乡村风格、朴素大方的风格、豪华富丽的风格)、陈设品的合理选择对室内环境风格起着强化的作用。

陈设本身的造型、色彩、图案、质感均具有一定的风格特征,所以,它对室内环境的风格会进一步加强。古典风格通常装潢华丽、浓墨重彩、家具样式复杂、材质高档、做工精美,有的以时代命名,如路易时代或维多利亚时代。我国一般采用欧洲一些明显的室内设计风格,作为我们发展的理性原则,如古希腊、古罗马的柱式、空间装饰形象及处理手法等建筑及室内的语言符号被重新组合起来运用。内部的装修常采用欧式风格,如欧式柱体、壁炉已成为室内的一部分,而在陈设中大量放置仿欧家具。意大利的家具已成为高薪消费层的首选品。

（1）西洋古典主义风格:古罗马式、哥特式、文艺复兴式、巴洛克式、洛可可式等。欧洲古典建筑内部空间较高大,往往以壁炉为中心来组合家具。装饰造型严谨,顶棚、墙面与绘画、雕塑、镜子等结合,室内装饰织物的配置也十分讲究,注重艺术品的陈设。室内灯光采用烛形水晶玻璃组合吊灯及壁灯、壁饰等。西洋

古典成了最近几年的家居中的热门风格。住在西洋古典风格的居室中会给人传统、中正、稳重、经典、高雅和大气的感受，所以一般来说，西洋古典主义比较适合有一定生活阅历和积淀的业主。西洋古典主义的空间分布是严格对称的，也就是说，室内空间主要以正方形、矩形为主，不会出现多边形、圆形等不规则的形状。正是因为西洋古典主义具备这个特点，才会让人感觉到它的稳重和大气。说到这里，设计师提醒我们，空间不周正、对称的户型必须通过墙体改造等方式把空间划分整齐以后才可以做西洋古典风格，而实在是达不到要求的户型，最好放弃做西洋古典风格的想法，避免做出来的效果不伦不类。除了空间上的讲究以外，我们很容易发现西洋古典风格里家具配饰的摆设也是讲究对称的。这种对称不但不会给人单调、死板的印象，反而会给人平衡的、端庄的美感。

（2）中国传统风格：室内多为对称的空间形式，在厅堂中，梁架、斗拱、撑间等都以其结构与装饰的双重作用成为室内艺术形象的一部分。室内的顶棚与藻井、装修、家具、字画、陈设等均作为一个整体来处理。室内除固定的隔断和隔扇外，还使用可移动的屏风、半开敞的罩、博古架等家具，对于组织空间起到增加层次和深度的作用。在室内色彩方面，宫殿建筑室内的梁、柱常用红色，顶棚、藻井绘有各种彩画，用强烈鲜明的色彩，取得对比、调和的效果。南方建筑常用栗色、黑色、墨绿色等色彩，与白墙灰瓦一起形成秀丽淡雅的格调。中国传统风格崇尚庄重与优雅。

（3）和式风格：追求的是一种休闲、随意的生活意境。空间造型极为简洁，在设计上采用清晰的线条，在空间划分中摒弃曲线，具有较强的几何感。和式风格最大的特征是多功能性，如白天放置书桌就成为起居室，放上茶具就成为茶室，晚上铺上寝具就成为卧室。和式风格的特点（见图5-1-17和图5-1-18）如下。

图 5-1-17　和式风格陈设的生意意境

图 5-1-18　和式风格陈设的实用、自然环保

实用性：和室装饰之所以能在世界装饰上独占一席，就是因为它的实用性远远高于其他风格的装饰。白天，在其中放上几个坐垫、摆上一张矮几，这个空间就可以当作起居室、餐厅、儿童房和书房；晚上，将卧具铺在榻榻米席面上，这个空间就成了卧室。这种风格能解决业主客房、次卧利用率低的烦恼。对于住房空间并不宽裕的人来说，"一室多用"也是最佳的设计，这是其他风格的装饰不能比的。

风格独特：以简约为主，日式家居中强调的是自然色彩的沉静和造型线条的简洁，和室的门窗大多简洁透光，家具低矮且不多，给人宽敞、明亮的感觉，因此，和室也是扩大居室视野的常用方法。

材料自然环保：和室材料精选优质的天然材料（草、竹、木、纸），经过脱水、烘干、杀虫、消毒等处理，确保了材料的耐久与卫生，既给人回归自然的感觉，又不会有对人体有害的物质。

（4）伊斯兰传统样式：伊斯兰建筑普遍使用拱券结构。拱券的样式富有装饰性。建筑和廊子三面围合成中心庭院，中央是水池。伊斯兰建筑有两大特点：一是券、弯顶等有多种花式；二是大面积表面图案装饰。券有双圆心尖券，马蹄形券、火焰式券及花瓣形券等。室外外墙面主要用花式砌筑进行装饰，随后又陆续出

现了平浮雕式彩绘和琉璃砖装饰。室内用石膏做大面积浮雕、涂绘装饰，以深蓝、浅蓝两色为主。室内多用华丽的壁毯和地毯装饰，爱好大面积的色彩装饰。伊斯兰风格图案多以花卉为主，曲线匀整，结合几何图案，其室内多缀以《古兰经》中的经文，装饰图案以其形、色的纤丽为特征，以蔷薇、风信子、郁金香、菖蒲等植物为题材，具有艳丽、舒展、悠闲的效果。

（5）后现代主义派（见图 5-1-19）：强调建筑和室内设计的复杂性与矛盾性；反对简单化、模式化；讲求文脉，追求人情味；崇尚隐喻与象征手法；大胆运用装饰和色彩；提倡多样化和多元化；在造型设计的构图理论中吸收其他艺术或自然科学概念，如片段、反射、折射、裂变、变形等；用非传统的方法来运用传统，以不熟悉的方法来组合熟悉的东西，用各种刻意制造矛盾的手段，如断裂、错位、扭曲、矛盾共处等，把传统的构件组合在新的情境之中，让人产生复杂的联想；在室内大胆运用图案装饰和色彩；室内设置的家具、陈设艺术品往往突出其象征、隐喻意义。室内环境设计不仅要提供给人一个使用功能合理的室内场所，还要以提供给人一个能够反映历史、文化、价值、尊严的场所为目标，从地域的历史出发，从地域的文化传统出发，突出民族文化渊源的形象特征，创造一个使人获得归属感的环境，一个设计师和使用者都

图 5-1-19　后现代主义派的陈设设计

认同的场所。这种设计风格，具有文脉主义倾向，在后现代主义设计风格中简称为"文脉"。

（6）新古典主义派：要注重装饰效果，用室内陈设来增强历史感，烘托复古氛围；白色、金色、黄色、暗红色是新古典主义中常见的主色调，选择对的颜色会使家居空间看起来更加光艳亮丽。新古典主义以尊重自然、追求真实、复兴古代的艺术形式为宗旨，特别是古希腊、古罗马文明鼎盛期的作品，或庄严肃穆，或典雅优美，但不照抄古典主义并以摒弃抽象、绝对的审美概念和贫乏的艺术形象而区别于 16 世纪、17 世纪传统的古典主义。新古典主义风格还将家具、石雕等带进了室内陈设和装饰之中，拉毛粉饰、大理石的运用，使室内装饰更讲究材质的变化和空间的整体性。家具的线形变直，不再是圆曲的洛可可样式，装饰以青铜饰面为主，采用扇形饰、叶板、玫瑰花饰、人面狮身像等。新古典主义的设计风格其实就是经过改良的古典主义风格：保留了材质、色彩的大致风格，仍然可以很强烈地感受传统的历史痕迹与浑厚的文化底蕴，同时摒弃了过于复杂的机理和装饰，简化了线条。新古典主义的灯具将古典的繁杂雕饰简化，并与现代的材质结合，呈现出古典、简约的新风貌，是一种多元化的思考方式。新古典主义将怀古的浪漫情怀与现代人对生活的需求结合，兼容华贵典雅与时尚现代，反映出后工业时代个性化的美学观念和文化品位。欧洲文化丰富的艺术底蕴，开放、创新的设计思想及其尊贵的姿容，一直以来颇受众人喜爱与追求。新古典主义风格从简单到繁杂、从整体到局部，精雕细琢，镶花刻金都给人一丝不苟的印象。览尽所有设计思想、所有设计风格，无外乎是对生活的一种态度。为业主设计适合现代人居住，功能性强并且风景优美的古典主义风格时，能否敏锐地把握客户需求是对设计师的更高的要求。无论是家具还是配饰均以其优雅、唯美的姿态，平和、富有内涵的气韵，描绘出居室主人高雅、贵族的身份。常见的壁炉、水晶宫灯、罗马古柱亦是新古典主义风格的点睛之笔。高雅、和谐是新古典主义风格的代名词。少量白色糅合，使色彩看起来明亮、大方，使整个空间给人开放、宽容的非凡气度，让人丝毫不感局促。新古典主义的灯具在与其他家居元素的组合搭配上也有文章。在卧室里，设计师可以将新古典主义的灯具搭配洛可可式的梳妆台、古典床头蕾丝垂幔，再摆上一两件古典样式的装饰品，如小爱神（丘比特）像或挂一幅巴洛克时期的油画，让人们体会到古典的优雅与雍容。现在，也有人将欧式古典家具和中式古典家具摆放在一起，中西合璧，使东方的内敛与西方的浪漫融合，也别有一番尊贵的感觉。

新古典主义派（历史主义派）是致力于在设计中运用传统美学法则来使现代建筑造型和室内造型产生出规整、端庄、典雅、高贵感的一种设计潮流，反映了世界进入后工业化时代的现代人的怀旧情绪和传统情绪，提出了"不能不知道历史"的口号，号召设计师们要"到历史中去寻找灵感"。新古典主义派的做法是在现代建筑内部空间用传统的空间处理和装饰手法（适当简化），以及陈设艺术手法来进行设计，使古典传统样式的室内具有明显的时代特征。

（7）光洁派：盛行于二十世纪六七十年代的室内设计流派。光洁派的室内设计师擅长抽象形体的构成，常用雕塑感的几何构成来塑造室内空间，使室内空间具有明晰的轮廓，在功能上实用、舒适，在简洁、明快的空间里运用现代材料和现代加工技术；高精度的装修和家具传递着时代精神，使这些产品、部件的高精密度

表象成为欣赏的对象,无须其他多余的装饰来画蛇添足。现代主义建筑大师密斯·凡德罗提出的"少就是多",是这一派设计师遵循的信条。光洁派是晚期现代主义极少主义派的演变,因此又称为极少主义派。

(8)高技派:活跃于 20 世纪 50 年代末至 20 世纪 70 年代的设计流派。在许多人强调建筑的共生性、人情味和乡土化的今天,高技派的设计作品在表现时代情感方面也在不断地探索新形式、新手法。高技派反对传统的审美观念,强调设计是信息的媒介和设计的交际功能,在建筑设计和室内设计中采用新技术,在美学上极力鼓吹表现新技术的做法,包括了战后"现代主义建筑"在设计方法中所有"重理"的方面,以及讲求技术精美和"粗野主义"倾向。

图 5-1-20　肌理派的墙面陈设设计

(9)肌理派:在室内设计中充分显示材质、肌理,运用现代高科技加工工艺创造出新的材质、肌理并将其尽情表现;运用材质的粗犷有力、高精细腻、材柔质软、挺拔坚硬、华贵雅致、朴拙生动、浓密烦琐、平淡简约等。这些材质、肌理的展示往往会牵动人的情丝,启发人的联想,引导人介入,从一种氛围中体验意境,如图 5-1-20 所示。所以,通过强调材质、肌理效果来增大室内设计艺术力度的手法可称为肌理派审美设计。

(10)立体派:一种绘画流派,又称立体主义,20 世纪初兴起于法国,开始于高更、卢梭、赛尚绘画形体表现上的革命,即努力使画面物体从主观空间中解放出来,把物体还原成几何形体,再进行坚实的构成;否定传统绘画对形体的定点观察,将对象分解为若干视向的几何切面,然后加以主观地并置、重叠,以表示物体长、宽、高、深的主体空间。立体派设计用于空间环境,其表现特点不同于绘画,着重强调三维空间造型,再加上时间因素的四维空间创造。环境景观随人的活动变换,造型设计强调雕塑感与力度。

(11)色调派:以设计手法的突出特征——色调来命名的设计派别。色调派很受人欢迎。设计师可以在同一色调中用同类色的退晕手法进行配置,使其在统一中富有韵律变化。在现代艺术设计中,统一色调的设计手法被广泛运用。

(12)白色派:在室内设计中大量运用白色构成了这种流派的基调,故名白色派。室内造型设计可简洁,也可富有变化。白色派是在后现代主义的早期阶段流行开来的,因受到人们的喜爱,至今仍流行于世。早期后现代主义学术团体"纽约五人组"的建筑师已在设计中偏重白色。白色给人纯净、文雅的感觉,又能增加室内乐观感或让人产生美的联想。白色以外的色彩往往会给人带来特有的感受,而白色不会限制人的思路。使用时,白色可以调和、衬托或者对比鲜艳的色彩装饰,与一些刺激色(如红色)相配时也能产生美好的节奏感。因此,近代以来,许多室内设计采用白色调,再配以装饰和纹样,产生出明快的室内效果。

(13)风格派:抽象派,始于 20 世纪 20 年代,以荷兰画家蒙德里安为代表的美术流派,强调纯造型的表现,认为"把生活环境抽象化,这对人们的生活就是一种真实"。在室内设计中,风格派常运用几何形体及红、黄、蓝 三原色色块,间以黑白系色彩配置。空间穿插变化,外部空间与内部空间既变化又协调。无论是建筑外部视觉效果还是室内空间的构图效果,都像冷抽象绘画般具有鲜明的特征和个性。

(14)未来派:超现实主义派,在室内设计中追求超现实的纯艺术,通过别出心裁的设计,力求在建筑限定的"有限空间"内运用不同的设计手法以"扩大"空间,来创造"无限空间",创造"世界上不存在的世界",反映了超现实派的设计师在世界充满矛盾与冲突的今天,逃避现实的心理寄托。超现实主义派的室内设计作品中反映出由于刻意追求造型奇特而忽略了室内功能要求,以及为了实现这些奇特造型又要不惜工本的设计倾向,因此,不被多数人接受。该流派的设计作品数量不多,因其大胆猎奇的室内造型特征,在多元化艺术发展的今天受人注目,如图 5-1-21 所示。

图 5-1-21　超现实主义派的陈设设计

（15）超级平面美术：20 世纪后期，作为环境艺术设计的一种手段，并以城市建筑规模展开的印刷平面美术被称为"超级平面美术"。超级平面美术不是单单以传递情报为目的的印刷平面美术，而是对生活环境的形成产生强有力的影响的环境平面美术；超级平面美术的室内设计（见图 5-1-22）使室内外设计手法互为借用，把外景引入室内并大胆地运用色彩，其色彩之浓重有时远远超过了人们过去习惯上可以接受的程度。由于色彩丰富，色块图形变化自由，超级平面美术又可以与照明巧妙地结合起来，如霓虹灯在室内的运用，使室内具有通透变化的空间效果。超级平面美术也许还受到了中国古建筑彩画的影响。因为不受构件限制的涂饰易于更新、变换，超级平面美术在室内的应用也就越来越普遍。

（16）超现实派：超现实派追求超越现实的艺术效果，在室内布置中常采用异常的空间组织、曲面或具有流动弧形线型的界面，浓重的色彩，变幻莫测的光影，造型奇特的家具与设备，有时还以现代绘画或雕塑来烘托超现实的室内环境气氛。超现实派的室内环境较为适合具有视觉形象特殊要求的某些用于展示或娱乐的室内空间。

（17）解构主义派：解构主义是 20 世纪 60 年代，以法国哲学家 J.德里达为代表提出的哲学观念，是对 20 世纪前期欧美盛行的结构主义和理论思想传统的质疑和批判。建筑和室内设计中的解构主义派对传统古典、构图规律等均采取否定的态度，强调不受历史文化和传统理性的约束，是一种貌似结构构成解体，突破传统形式构图，用材粗放的流派。解构主义陈设如图 5-1-23 至图 5-1-25 所示。

图 5-1-22　超级平面美术陈设

图 5-1-23　解构主义陈设 1

（18）装饰艺术派：装饰艺术派起源于 20 世纪 20 年代法国巴黎召开的一次装饰艺术与现代工业国际博览会，后传至美国等地，如美国早期兴建的一些摩天楼即采用这一流派的手法。装饰艺术派善于运用多层次的几何线型及图案,重点装饰建筑内外门窗线脚、槽口及建筑腰线、顶角线等部位。上海早年建造的老锦江宾馆及和平饭店等建筑的内外装饰,均采用装饰艺术派的手法。近年来,一些宾馆和大型商场的室内,出于既具时代气息,又有建筑文化的内涵考虑,常在现代风格的基础上,在建筑细部饰以装饰艺术派的图案和纹样。

图 5-1-24　解构主义陈设 2　　　　　图 5-1-25　解构主义陈设 3

（19）视觉空间:20 世纪 70 年代之后,日本盛行起来的现代室内设计中有关"听觉空间"创造的设计手法,在艺术形式上从具象向抽象转变,由直观具体联想的环境创造向运用抽象化、符号化的启迪连带意识手法的尝试转变,在空间上把"视觉空间"升华为"听觉空间"。"听觉空间"的室内设计手法和特征:在室内设计时,强调室内空间形态和物件的单纯性、抽象化特点;重视空间中物体的相关性,即物与物的关系、物与人的关系、物与空间的关系。这种风格运用单纯的直线、几何形体或具有节奏的反复的符号化图案等,采用小波浪形状、锯齿形状及反复运用的边缘处理,也运用画有细密格子的板面、凹凸的肋拱板面等,结合素材的肌理效果、色彩变幻效果,使这些板和线的垂直水平交错的构成关系产生出有音乐意境的空间效果,使室内陈设、家具等像配乐一样有节奏地进行组合。这种强调关系的重要性的做法被称为"视觉配乐"。它创造出视觉的、有节奏的、联想的"听觉空间"。

（20）回归自然派:现代室内设计的一个重要派别。近代工业高速发展带来经济发达和社会繁荣,导致世界范围内自然环境和生态平衡的破坏。住在城市水泥方盒子中的人向往自然,提倡天然食品,喝自然饮料,用自然材质,渴望住在天然绿色环境中……这种回归自然的趋势,反映在室内设计活动中,称为回归自然派。它提倡运用天然材质,如木、竹、草、石等,塑造具有自然情趣的环境。

2）室内陈设照明艺术

室内陈设照明艺术(见图 5-1-26)关注以下内容:

①照度与效果;

②色光与气氛;

③对比度、光照度与人的心理感受;

④灯具的构图效果与照明表现力。

2.室内陈设的布置原则

1）形式美原则

（1）对比。对比是艺术设计的基本造型技巧,即把两种不同的事物、形体、色彩等进行对比,如方圆、新旧、大小、黑白、深浅、粗细、高矮、胖瘦、爱憎、喜忧等。设计师可以把两个明显对立的元素放在同一空间中,经过设计,使其既对立又协调,既矛盾又统一,在强烈反差中获得鲜明形象性,求得互补和满足的效果。在室内陈设设计中,设计师往往通过对比的手法,强调设计个性,增加空间层次,给人留下深刻的印象。

图 5-1-26　室内陈设照明艺术

（2）和谐。和谐包含协调之意。室内陈设设计应在满足功能要求的前提下，使各种室内物体的形、色、光、质等组合得协调，成为一个非常和谐、统一的整体，使在整体中的每一个"成员"都在整体艺术效果的基础上充分发挥自己的优势。和谐还可分为环境及物体造型的和谐、材料质感的和谐、色调的和谐、风格式样的和谐等。和谐能使人在视觉上、心理上获得平静、平和的满足。

（3）对称。古希腊哲学家毕达哥拉斯曾说过"美的线型和其他一切美的形体都必须有对称形式。"对称是形式美的传统技法。中国几千年前的彩陶造型证明，对称早被人类认识与运用。对称原本是生物形体结构美感的客观存在，人体、动物体、植物枝叶、昆虫肢翼均对称，对称是人类最早掌握的形式美法则。对称又分为绝对对称和相对对称。上下、左右对称，同形、同色、同质为绝对对称。室内陈设设计经常采用的是相对对称，如同形、不同质感，同形、同质感、不同色彩，同形、同色、不同质地。对称让人感觉秩序、庄重、整齐，即和谐之美。

（4）呼应。呼应如同形影相伴。在室内陈设布局中，顶棚与地面、桌面及其他部位，采取呼应的手法，会起到对应的作用。呼应属于形式美，是各种艺术常用的手法。呼应也有"相应对称""相对对称"之说。设计师一般运用形象对应、虚实气势等手法求得呼应的艺术效果。

（5）均衡。均衡即依中轴线，中心点不等形而等量的形体、构件、色彩配置。均衡和对称形式相比，有活泼、生动、和谐、优美之韵味。在室内陈设设计中，均衡是指在室内空间布局上，各种物体的形、色、光、质进行等同的量与数的均等或近似相等的量与形的均衡。

（6）层次。一幅装饰构图，要分清层次，使画面具有深度、广度。缺少层次，则感到平庸。室内陈设设计同样要追求空间的层次感，如色彩从冷到暖，明度从亮到暗，纹理从复杂到简单，造型从大到小、从方到圆、从高到低、从粗到细，构图从聚到散，质地从单一到多样，空间形体从实到虚等都可以看成富有层次的变化。层次的变化可以取得极其丰富的陈设效果，但需用恰当的比例关系和适合空间层次的需求，做比较适宜的层次处理，才能取得良好的装饰效果。

（7）延续。延续是指连续伸延。人们常用"形象"一词指一切物体的外表。将一个形象有规律地向上、向下、向左、向右连续下去就是延续。延续手法运用于空间之中，可以使空间获得扩张感或导向作用，甚至可以加深人们对环境中的重点景物的印象。

（8）弯曲。弯曲是指在室内环境中用弯曲的线、面表现空间的变化，活跃空间层次，打破火柴盒似的死板，在当今室内设计中广为运用。弯曲有活跃、柔和、神秘等特色，是硬性的死板的空间环境的调剂。

（9）节奏。同一单纯造型，连续重复产生的排列效果，往往不能引人入胜。但是，稍加变化，适当地进行长短、粗细、造型、色彩等方面的突变、对比、组合，就会产生节奏韵律，产生丰富多彩的艺术效果。节奏的基础条件是条理性和重复性，节奏和韵律似孪生姐妹，节奏往往是反复、机械的，韵律是情调在节奏中的作用，具有情感需求的表现。

（10）倾斜。倾斜的反义词是横平竖直。垂直、平行的陈设在室内环境中屡见应用。设计的灵魂贵在构思独特。倾斜的做法突破一般陈设规律，大胆创新，留给人们感观的惊奇、新颖和回忆。倾斜的另一个特点是，在规矩的正方形、长方形空间里，斜线、斜体和垂直、水平线、面形成强烈的对比，使空间更加活泼、生动。

（11）重复。重复不是单一体，是单一体的有序组合，也有反复连续之意。建筑构件装饰上用相同构件重复排列，也能产生节奏，局部进行曲直、高低、粗细变化，还会形成韵味。室内陈设主要装饰部位往往采用相同的物件，如乐器、扇子、瓷盘、风筝、鸟笼等，进行大小、疏密的排列而取得装饰效果，是室内环境中常用的陈设手段。

（12）景点。景点指室内重点墙面根据需求精选陈设，巧妙布局，集中表现。陈设的种类繁多，材质丰富，构图多样，配合灯光的处理，可以呈现华贵、朴素、典雅、温馨的艺术效果。

（13）简洁。简洁或称简练，指室内环境中没有华丽的修饰、装潢和多余的附加物，以少而精的原则，把室内装饰减少到最少，以"少就是多，简洁就是丰富"为原则。室内陈设艺术可以"以少胜多，以一当十，多做减法，删繁就简"。简洁是当前室内陈设艺术设计中特别值得提倡的手法之一。

（14）光雕。光雕有用光束雕塑形体之意，也可称为虚的陈设。在当今室内环境中，运用光影装点环境已屡见不鲜,但能够恰到好处地运用则需动一番脑筋,一般要密切结合形体和光源,有主次、强弱、聚散地合理布局及巧妙运用色光等,才能达到理想的陈设艺术效果,如图 5-1-27 所示。

图 5-1-27　光雕的陈设设计

（15）渐变。一切生物的诞生、生长与消亡,皆在渐变。渐变是事物在量变上的增减,但其变化是逐步按着比例的增减而使其形象由大到小或由小到大;色彩由明到暗、由暗到明;线型由粗到细,由细到粗;由曲到直、由直到曲的变化。渐变还包括由具象的形体到抽象的几何渐变。

（16）独特。独特也称特异。独特是突破原有规律、标新立异、引人注目之意。在大自然中,万绿丛中一点红、夜间群星中的明月、荒漠中的绿地都是独特的表现。独特具有比较性,掺杂于规模性之中,其程度可大可小,须适度把握,这里所讲的规律性是指重复延续和渐变近似的陪衬作用。独特是从这些陪衬中产生出来的,是相互比较而存在的。室内设计特别推崇有突破的想象力,以创造个性的特色。

（17）景观。优美独特的景致供人观看欣赏称为景观。这里是指室内空间环境中,根据室内环境陈设风格的需要,在地面或顶棚处设计、制作引人入胜的陈设艺术品或悬吊饰物。景观是室内陈设中的集中点、焦点、视觉中心。它以自身的陈设魅力,给人们美妙遐想和精神的满足。

（18）仿生。仿生是指用人工手段,将自然界中的生灵进行仿造,作为装饰运用于环境设计中,或原样复制,以假乱真。设计中运用仿生的目的在于增加生活情趣、引发人们的遐想、满足回归自然的愿望、创造神奇的童话空间等。在现代设计中,越来越多设计师利用现代材料及高科技加工技术,创造出丰富多彩、引人入胜的理想环境。

（19）几何造型。几何造型艺术中最基本的元素是三角形、圆形、方形构成,即几何形。几何形属于抽象形,在室内陈设环境设计中运用,形成手法简洁、曲直变化、方圆对比、色彩明快、节奏感强的环境特色。几何造型在室内环境中简洁、明快,与快节奏的生活相适应,给人以无限的遐想,如图 5-1-28 所示。几何造型艺术必将越来越受人们的欢迎。

（20）色调。色彩是构成造型艺术设计的重要因素之一。各种物体因吸收和反射光量不同,呈现出复杂的色彩现象。不同波长的可见光引起人视觉上不同的色彩感觉,如红、橙、黄让人有温暖、热烈的感觉,被称为暖色系列色彩。在室内陈设艺术中,设计师可选用各类色调构成,选用不同色相决定色调（或称基调）。色调有许多种,一般可归纳为同一色调、同类色调、邻近色调、对比色调等。在使用时,设计师可根据环境的不同性能灵活把握。

（21）质感。质感也称材质、肌理,是指物体表面的纹理。所有物体都有表面,因此,所有物体表面均有材质、肌理。肌理给人有视觉及触觉感受:干湿、粗糙、细滑、软硬、有纹理与无纹理、有规律与无规律、有光泽与无光泽等。大自然中充满着各种材质、肌理,这些材质、肌理不同的物质,可由建筑师或室内陈设艺术设计师选择,以适应特殊环境的特定要求,如平淡派主张不要装饰,但在作品中大量选用材质、肌理的对比变化来丰富室内空间层次,产生较高的艺术品位。

（22）丰富。丰富相对简洁而言。简洁是室内陈设艺术中,特别提倡的装饰手法。这里所指的"丰富"是要在简洁的过程中,增加丰满、多姿、精彩、有情趣的美感效果,如在室内设计同种风格的把握下多加一些点缀物,在装饰处理上有更加深入、细致的描绘,增加环境的层次和艺术效果,会给人们留下深刻长久的回味。宗教叙事性主题是一种非常古老的传统形式。古代壁画多以大量宗教叙事作为墙壁艺术的第一主题。由于这种形式面积大、涵盖力强,可以讲故事的方式翔实地刻画主题人物,观众可以从变化丰富的造型语言中寻找那些自己熟知的历史、文化和民俗典故。意大利是对欧洲文化历史的发展产生过积极影响的国家,其悠久、灿烂的文明一直影响至今。意大利壁画大多以宗教故事为创造题材,画面适形而绘,既古朴又典雅,历代的达官贵人对此情有独钟,把它视为宣扬家族史、为自己树碑立传的借助物。在公共环境里,墙饰艺术也不少。

2）创新性原则

有新意,设计突显个性和与环境的结合。

3）时代性原则

常结合新技术、新材料。

4）生态性原则

考虑材料的环保性、节能性、可循环再生性及"以人为本"的舒适性。

5）文化性原则

以国家、风格及民俗为设计载体,如图 5-1-29 所示。

图 5-1-28　几何形家具造型

图 5-1-29　陈设的文化性体现

6）整体性原则

空间的绿化与陈设与整个空间的风格与色调协调。

3.室内陈设选择

室内陈设品选择能体现一个人的职业特征、性格、爱好、修养、品味,是人们表现自我的手段之一,如猎人的小屋陈设兽皮、弓箭、锦鸡标本等,显示了主人的职业以及他勇敢的性格。

1）实用陈设

实用陈设是指具有一定实用价值,兼有观赏价值的陈设,如灯具类、家具类、织物类等。

（1）灯具类:在室内陈设中起照明的作用。从灯具的种类和型制来看,作为室内照明的灯具主要有吸顶灯、吊灯、地灯、嵌顶灯、台灯等。

（2）家具类:家具的设计以实用、美观、安全、舒适为基本原则,如图 5-1-30 至图 5-1-32 所示。

图 5-1-30　实用性家具陈设

图 5-1-31　美观性家具陈设

图 5-1-32　安全、舒适性家具陈设

①家具根据家具功能分为坐卧类家具、凭倚类家具、贮存类家具、装饰类家具等;家具根据结构形式分为板框架家具和框架镶板家具;家具根据材料分为木、藤、竹家具等;家具根据时代分为明清时代家具,古埃及、古希腊、古罗马时期的家具,巴洛克时期的家具、洛可可时期的家具

②家具作为室内陈设的作用:识别空间性质、利用及组织空间(分隔、组织、填补空间)。

③家具的选择与布置:位置合理、方便使用、节约劳动、丰富空间、改善效果、充分利用空间、重视效益。

④家具形式和数量的确定。

⑤家具布置的基本方法:按家具在空间中的位置可分为周边式、岛式、单边式、走道式;按家具布置与墙面的关系可分为靠墙布置、垂直于墙面布置、临空布置;按家具布置格局可分为对称式、非对称式、集中式、分散式。对称式布置显得庄重、严肃、稳定、肃穆,适合隆重、正规的场合;非对称式布置显得活泼自由、流动、活跃,适合轻松、非正规的场合;集中式布置常用于功能比较单一、家具种类不多、房间面积较小的场合,组成单一的家具组;分散式布置常用于功能多样、家具种类较多、房间面积较大的场合,组成若干家具组、团。

(3)织物类:目前已渗透到室内环境设计的各个方面。在现代室内设计中,织物的使用量,已成为衡量室内环境装饰水平的重要标志之一。它包括窗帘、床罩、地毯、沙发布等软性材料。作为织物类的地毯可以创造象征性的空间,也称自发空间。在同一室内,设计师根根是否有地毯,地毯质地、色彩,从视觉上和心理上划分空间,突出领域感,如大宾馆、大饭店的一层门厅,旅客办理住宿、办理手续、临时小憩的地方往往用地毯划分区域,用沙发分隔出小空间供人休息、会客。铺设地毯的地面,往往作为流通和绿化的空间。豪华的总统客房往往在会客的区域铺上精致的手工编织地毯,除了起到划分空间的作用,同时形成室内的重点空间。

巧妙挂饰窗帘有五种方法。

①巧饰扩窗帘。窗帘在居室中具有调节色彩和气氛的作用。它不仅可遮于窗户上,还可扩展应用,增添居室的气氛,给人以舒畅的感觉。

②巧饰分隔帘。设计师可用分隔帘将狭长的起居室分隔成会客区和电视区,也可将卧室分隔成睡眠区和书房区。分隔帘最好采用深浅两种色调的窗帘布,制成两层双面,能给人一种变化感。

③巧饰吸音墙帘。有音响设施的居室,可选择较为厚实的绒质窗帘布作为吸音墙帘,落地拉在两面或

三面墙上,便可有效防止声音的反射,使音响更为纯净动听。

④巧饰背景帘。在起居室的一面有沙发靠背的墙上,装饰出拱门状的一块 3~4 m 宽的空间,挂上轻柔优美的丝质或纱质窗帘作为沙发背景,能使平淡的墙面有艺术变化,增添温馨之气。

⑤巧饰顶棚帘。设计师可以在房间的房顶处横向或纵向水平拉上数根细线,选择质地轻软的窗帘布作为顶棚帘,并随着拉线等距呈现一个个自然轻舒的垂弧。

2)艺术陈设

艺术陈设包括绘画类、工艺品类、屏风等,如图 5-1-33 所示。

图 5-1-33　艺术陈设设计

5.1.4　任务实施

(1)结合实际论述家具设计在室内设计中的地位和作用。

(2)利用家具陈设组织一个固定空间、可变空间,多用透视方法画图。

(3)简述室内设计陈设与绿化的含义。

(4)掌握一般灯具的布置方式:整体照明、局部照明、整体与局部照明结合。

(5)分析室内陈设艺术设计在各空间中的运用。

实训 1　陈设与绿化的运用

至少举例说明 10 例世界大型公共空间陈设与绿化的运用,并手绘解析。

某些大型建筑物入口大厅的正前方有大型浮雕,使该空间具有一定的文化艺术氛围,从而更好地体现出该建筑物的与众不同。在这里,浮雕属于装饰类陈设物,起到修饰的效果的同时,也烘托了气氛。人民大会堂顶部灯具的陈设形式(以五角星灯具为中心,围绕着五角星灯具布置"满天星")很容易使人联想到在党中央的领导下全国人民大团结的主题,烘托出一种庄严的气氛。盆景、字画、古陶与传统样式的家具组合,可以创造出一种古朴、典雅的艺术气氛。地毯、帘饰等织物的运用使顶棚过高带来的空旷、孤寂感得到缓解,营造出温馨的气氛。

实训 2　陈设设计在居住空间中的运用

找一份家装户型图，对室内陈设艺术设计在各空间中的运用进行分析。

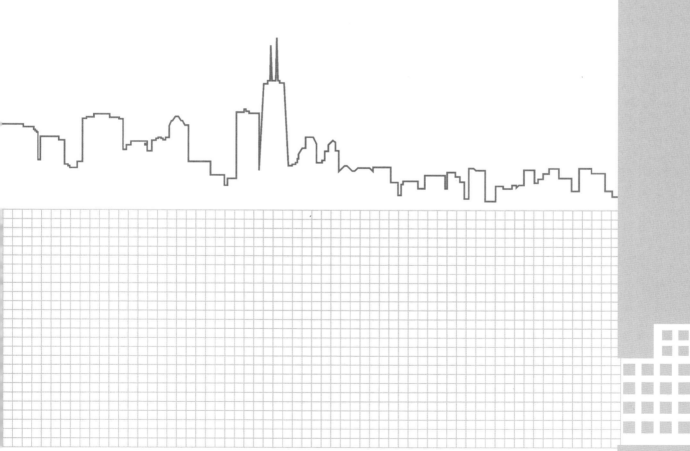

模块六 居住空间设计整周实训

课题 1　居住空间设计实训概述

居住空间设计实训,是在了解居住空间设计的基本原理、设计程序、设计方法和设计要领之后,进行的居住空间设计训练,是学习向应用过渡的一个重要环节,是将居住空间设计的理论知识和设计技能综合运用到具体的案例设计中的训练,是检查、考核、评价学生的专业理论基础知识、专业知识应用能力以及专业综合素质的一个重要依据。

6.1.1　实训目的

(1)通过具体的设计案例,加深对室内设计的内容、要求与设计步骤的理解与掌握。

(2)以严谨的科学态度和正确的设计思想完成设计,培养独立设计能力,为今后从事室内设计工作打下良好的基础。

6.1.2　实训要求

(1)有较熟练的手绘能力,运用 AutoCAD、电脑效果图等电脑绘图软件进行设计的能力,模型制作能力,能以多种形式表达设计意图和表现设计效果。

(2)能恰当运用参考文献、设计手册,了解和熟悉有关国家(部颁)标准、规范等,加强对室内设计的认识,培养独立分析问题和解决问题的能力。

(3)在方案设计中要侧重空间的功能设计,空间利用要合理,注重人体工程学在室内设计中的应用,去实地考察调研,使设计尽量切合实际。

6.1.3　课程设计方法和手段

在校内集中进行;由教师命题,学生根据设计要求先提出初步方案,教师负责审定并提出修改意见,学生独立完成。

6.1.4　实训场所及实训设备

实训场所:设计室、图书馆、资料室、机房。实训设备:电脑、扫描仪、打印机及相关材料、模型制作材料与工具。

6.1.5　实训时间

实训时间为 40 课时。

6.1.6　设计任务书

设计项目为居室空间室内设计。

本课题属于简单空间的设计课题,其设计目的是让学生对室内设计有初步了解,掌握基本的设计方法,对设计风格和流派有所认识,为今后全面展开设计课程做好准备。

6.1.7　设计理念

以人与自然为本,倡导生态设计的理念,体现环境保护与可持续发展的生态艺术设计,强调居住文化,创造符合人的使用功能需求、视觉审美的居住环境。

6.1.8　设计内容

设计内容如下:
①居住空间室内设计;
②居住空间家具设计。

6.1.9　设计条件

设计条件如下,任选一项:
①给定建筑平面图及周边环境情况;
②自选平面或设计建筑平面。

6.1.10　设计要求

居室设计师应"设计生活",充分了解主人的生活习惯、审美、爱好,进行合理的功能布局、家具布置、灯光照明设计、陈设选用,设计出一个实用、美观、舒适、生机勃勃的居家环境。

6.1.11　图纸表达

图纸表达包括以下内容:
①绘制总平面图及地面铺装;
②绘制主要空间的各个立面图(厨房立面图必画);
③设计一组和室内配套的家具,绘制三视图和透视图;
④至少绘制两张透视效果图,表现手法不限,用钢笔淡彩、水粉、水彩、马克笔绘制都可;
⑤剖切大样、节点详图不少于4个;
⑥设计说明书(100字左右);
⑦展板版面设计尺寸为A1(841×594),内容包括平面图、立面图、效果图、简要说明(图文可以从方案中精选,注意展示效果)、版头文字(居住空间设计课程习作、班级、姓名、学号、设计时间、指导教师);
⑧将以上内容用A4纸打印集册(附光盘)。

6.1.12　设计任务分析

拿到此设计任务之后,设计师应先了解此单元的主要设计内容,即为某业主进行住宅室内设计。这个业主可以是虚拟的,设计师应先对业主的职业、年龄、家庭结构、审美、爱好、生活习惯进行分析。设计师的责任与义务是给人们创造一个温馨的家,创造一个符合业主行为方式、生活习惯、功能需要、心理需求、风水意识、文化取向、审美情趣、性格特征的高品质空间。

1.业主和空间调查

基于以上分析编制一份书面的课题报告,报告以下内容:业主情况表、功能目标、设备需求、空间需求、方位及朝向、建筑结构、成本估算。

1)业主情况表

住宅是为业主设计的。业主既是最基本的设计元素,又是最终设计的评判者。设计师可以通过业主调查表,尽可能多地了解有助于设计的信息。

(1)谁将是业主?详细了解业主的人数、年龄、性别、身材、活动及成员间的关系,满足每个家庭成员的需求和家庭的总体需求,保证私密性和交往的需要。

(2)业主的生活方式如何?详细了解业主花在各种家庭活动上的时间,了解他们的生活态度和价值观,对他们的基本生活需求做一个系统的分析。

(3)业主的品位如何?详细了解业主的爱好、文化背景、生活经历、个性、地位意识和对时尚流行的敏感程度,这些都决定了设计的品位和格调,如图6-1-1和图6-1-2所示。

图6-1-1　玻璃屋的设计显示了主人对
生活时尚与前卫的追求

图6-1-2　简洁的室内装饰使建筑空间与环境交融,
成为视觉的中心(摘自"长城脚下的公社"
项目——红房子,安东设计)

2)功能目标

不同家庭成员对住宅设计的需求不同,设计师要了解每个家庭成员的特殊需求和爱好,确定设计的功能目标。

3)设备需求

供水、供气、照明、取暖、制冷、电话、网络、安保系统是必须考虑的基本设备、设施。

4)空间需求

设计师应根据业主情况表的内容,详细分析他们的生活需求,并将生活需求与开展这些活动的场所,即空间需求对照,绘制关系表,如聊天、视听欣赏活动在起居室完成,写字、画画、上网活动在书房完成。

5）方位及朝向

朝向是指根据日照、地形、风向和视野为各个房间选择最佳的方位，如图6-1-3和图6-1-4所示。主卧室和起居室尽可能朝南，画室朝北比较适宜。

图6-1-3 风景成就了住宅的奢华 图6-1-4 沐浴着和煦的阳光让人感到放松和慵懒（摘自"长城脚下的公社"项目，陈家毅设计）

6）建筑结构

建筑结构往往会限制设计的自由度，如窗、梁、柱子、承重墙、剪力墙等，都是不可改动的部分。有时一条梁会让设计师感到力不从心，如沙发、床的顶上有条大梁，不管设计处理多完善，业主都可能视之为不吉利。充分了解和利用建筑结构，是设计的出发点。

7）成本估算

成本对住宅室内设计至关重要，因此，设计师一定要考虑总造价，列出成本估算表格，在设计过程中控制造价。设计师不应一味地追求高档材料，普通的材料通过精心设计同样可以起到理想的效果。

2. 空间与概念分析

得到大量关于业主和住宅室内空间的信息之后，设计师要系统整理、分析和评估这些信息。根据室内使用功能，住宅空间被分成许多区域，人在每个区域完成不同的活动。设计师在设计时应考虑区域划分，使各空间的关系合理且实用。区域大致可分为四种：交际区、私人区、工作区和储藏区。

1）交际区的要求

交际区是以家庭公共需求为对象的综合活动场所，主要完成待客、休闲、娱乐、用餐等活动，可以是起居室、餐厅、娱乐室、视听室，也可以是阳台等户外生活区。设计师在设计时要注意避免室外视线的干扰，要从人的活动出发考虑内部家具的摆放，如图6-1-5所示。

2）私人区的要求

卧室和卫生间是住宅空间最主要的私人区，设计时私密性的考虑很关键，如图6-1-6和图6-1-7所示。

3）工作区的要求

住宅中常有的工作包括烹饪、洗衣、熨衣、清洁、阅读、上网、收纳等。工作区的设计原则是高效、舒适，如图6-1-8和图6-1-9所示。厨房的设计从操作区域的设计开始，设计师应根据人的烹饪习

图6-1-5 围合的沙发与大型吊灯呼应，形成一个良好的会客区

惯来设置食品储备区、厨具储备区、清洗区、准备区和烹饪区五大区域，形成一个功能合理、工作路径缩短、活动轻松舒适、操作流程顺畅的空间。

图 6-1-6　温馨、舒适、有情调的卧室

（摘自《再续简约》，梁志天著）

图 6-1-7　色调优雅并追求享受的卫生间

图 6-1-8　宽敞明亮的厨房

图 6-1-9　现代且简洁的书房，别致的

陈设为它增色不少

4)储藏区的要求

储藏功能在住宅中非常重要,设计师要尽可能多设置储藏空间,如壁橱、储藏间、步入式衣帽间、橱柜等。储藏区的设计要遵循"就近"和"分门别类"的原则,如图6-1-10所示。

图6-1-10 分类储藏的衣帽间

3.方案设计

设计师以草图的方式表达设计概念,根据以上对住宅室内各区域的分析,绘制泡泡图,显示各活动区域的关系,然后逐步完善,最后架构空间序列,确定平面方案图,如图6-1-11至图6-1-13所示。

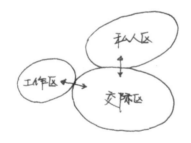

图6-1-11 最初的草图展示了各活动区域
及区域的关系

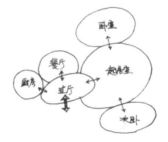

图6-1-12 经过完善与细化的泡泡图表明了
各生活区的功能

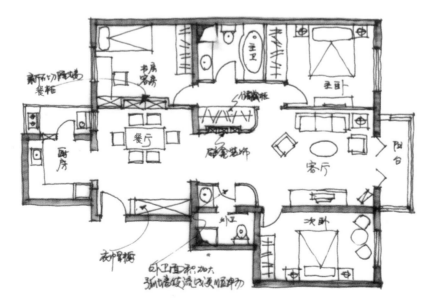

图6-1-13 在泡泡图的基础上,配合面积与尺度的把握,完成整个平面的布局

4.深化设计

深化设计包括平面图的深化、顶面图的深化、立面图的深化、绘制效果图和剖面图，如图 6-1-14 至图 6-1-18 所示。

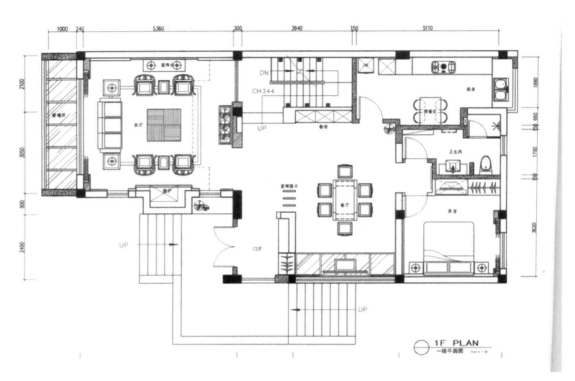

图 6-1-14　某别墅一层平面图

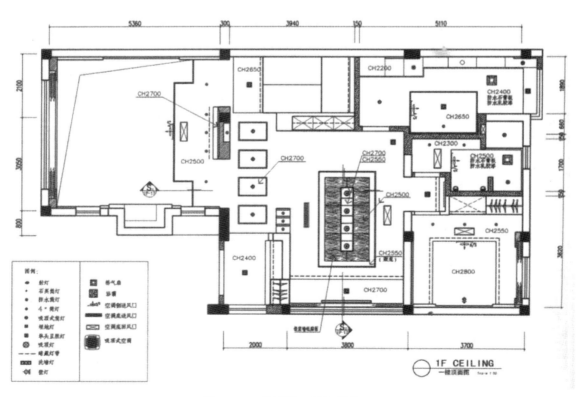

图 6-1-15　某别墅一层顶面图

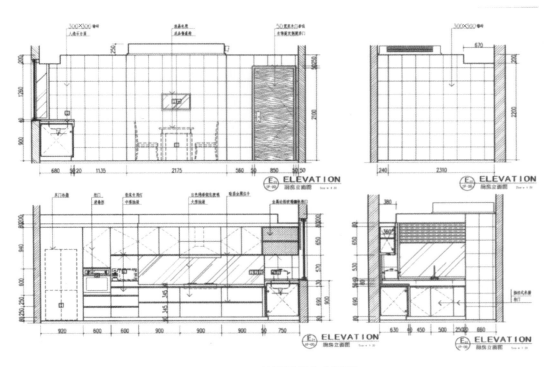

图 6-1-16　某别墅厨房立面图

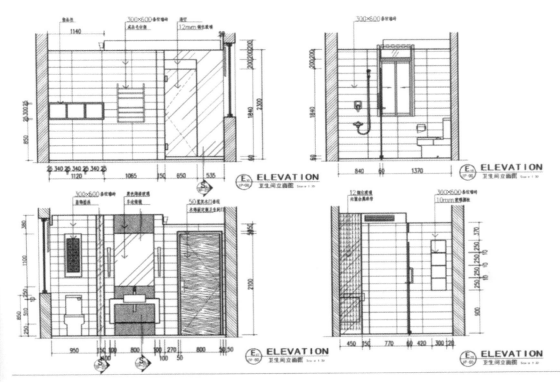

图 6-1-17　某别墅卫生间立面图

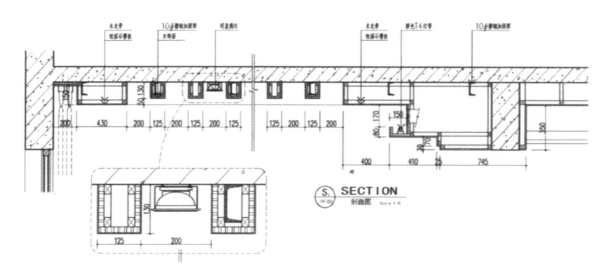

图 6-1-18　某别墅吊顶剖面图与详图

参 考 文 献

[1] 赵晓飞.室内设计工程制图方法及实例[M].北京:中国建筑工业出版社,2007.

[2] 李宏.建筑装饰设计[M].2版.北京:化学工业出版社,2010.

[3] 贾森.室内设计方案创意与快速手绘表达提高[M].北京:中国建筑工业出版社,2006.

[4] 李诗絮.手绘效果图[M].上海:上海人民美术出版社,2009.

[5] 程宏,樊灵燕,赵杰.室内设计原理[M].北京:中国电力出版社,2008.

[6] 卡罗琳·克利夫顿·莫格,等.完全家装·装饰[M].扈喜林,译.北京:北京科学技术出版社,2007.

[7] 曹干,高海燕.室内设计[M].北京:科学出版社,2007.

[8] 北京万亮文化传播有限公司.室内细部之个性家居[M].北京:人民交通出版社,2007.

[9] 来增祥,陆震纬.室内设计原理(上册)[M].2版.北京:中国建筑工业出版社,2006.

[10] 高祥生,韩巍,过伟敏.室内设计师手册(上、下)[M].北京:中国建筑工业出版社,2001.

[11] 骆中钊,骆伟,张宇静.住宅室内装修设计[M].北京:化学工业出版社,2010.

[12] 王晖.住宅室内设计[M].上海:上海人民美术出版社,2011.

[13] 孔小丹,戴素芬.居住空间设计实训[M].上海:东方出版中心,2009.

[14] 吕薇露,张曦.住宅室内设计[M].北京:机械工业出版社,2011.

[15] 吴剑锋,林海.室内与环境设计实训[M].上海:东方出版中心,2008.

[16] 台湾麦浩斯《漂亮家居》编辑部.主墙设计500[M].福州:福建科学技术出版社,2011.

[17] 刘怀敏.居住空间设计[M].北京:机械工业出版社,2012.

[18] 李映彤.居住空间设计[M].北京:化学工业出版社,2010.

[19] 黄凯旗.室内装饰工程与环境评测实用技术[M].北京:化学工业出版社,2006.

[20] 吴月淋,李晓霞.生态环境与室内设计[J].大舞台,2011(07):159.

[21] 王朝熙.装饰工程手册[M].2版.北京:中国建筑工业出版社,1994.

[22] 黄白.建筑装饰施工技术[M].北京:中国建筑工业出版社,1996.

[23] 邓琛,唐建.室内设计基础[M].南京:南京大学出版社,2010.

[24] 刘杰,等.居住空间室内设计[M].长春:东北师范大学出版社,2011.

[25] 隋洋.室内设计原理(下)[M].长春:吉林美术出版社,2006.